SUEÑOS DE AVENTURAS

La vida del capitán
John Smith

VALENTÍA

SUEÑOS DE AVENTURAS

La vida del capitán John Smith

JANET & GEOFF BENGE

EDITORIAL JUCUM

P.O. Box 1138 Tyler, TX 75710-1138

Editorial JUCUM forma parte de Juventud Con Una Misión, una organización de carácter internacional.

Si desea un catálogo gratuito de nuestros libros y otros productos, solicítelos por escrito o por teléfono a:

Editorial JUCUM
P.O. Box 1138, Tyler, TX 75710-1138 U.S.A.
Correo electrónico: info@editorialjucum.com
Teléfono: (903) 882-4725
www.editorialjucum.com

Sueños de aventuras, La vida del capitán John Smith
Copyright © 2019 por Editorial JUCUM
Versión española: Antonio Pérez
Edición: Miguel Peñaloza

Publicado originalmente en inglés con el título de: *Captain John Smith: A Foothold in the New World*
Copyright © 2006 por Janet y Geoff Benge
Publicado por Emerald Books
PO Box 55787, Seattle, WA 98155

ISBN 978-1-57658-672-3

Impreso en los Estados Unidos

VALENTÍA
Biografías

Sueños de aventuras
La vida del capitán John Smith

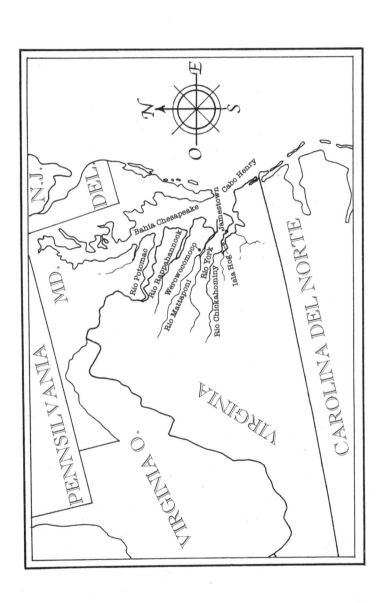

Índice

Capítulo 1

La vida pendiente de un hilo

John sabía que tenía que mantenerse vigilante a toda costa. Sentado delante de él estaba un hombre cubierto con piel de mapache de cuyo cuello colgaba un collar de perlas. Era el jefe Powhatan,[1] sobre quien ningún inglés había posado los ojos. Las mujeres que rodeaban al jefe señalaron a John y sonrieron.

Una de las hijas del jefe, Amonute, de unos doce años, se sentó y le observó fijamente sin desviar la mirada mientras su padre pronunciaba un largo discurso en lengua algonquina.[2] John no entendió lo

1 Powhatan: Jefe a quien las tribus proporcionaban apoyo militar, además de pagarle tributos en especie. Muchas de las aldeas, formadas por largas viviendas cubiertas de cortezas y esteras de juncos, estaban empalizadas. Las mujeres cultivaban maíz, frijoles y calabazas; los hombres cazaban y hacían la guerra, principalmente contra los iroqueses.
2 Lengua algonquina: incluye varias lenguas indígenas de América del Norte (Canadá, Estados Unidos y México), como cheyenne, arapaho, cree, ojibwa, y fox.

que dijo el jefe, pero sí lo suficiente para darse cuenta de que estaba en serios apuros.

Finalmente, el jefe Powhatan levantó la mano, y todo lo que había en la cabaña quedó en silencio a excepción del chisporroteo de los leños en el fuego, en el centro de la estancia.

El jefe miró fría y silenciosamente a John un buen rato antes de hablar.

—Usted es uno de los ingleses. ¿Por qué se han establecido en nuestro territorio? —le preguntó—. Y ¿por qué dos de sus barcos han zarpado sin usted? ¿Cuándo regresarán?

John pensó ágilmente. No quería dar al jefe ninguna información acerca del establecimiento de la nueva colonia inglesa ni de los objetivos a largo plazo de los colonos, no fuera que el jefe Powhatan decidiera destruir el asentamiento.[3] Se inventó una historia que indujera al jefe a pensar que el campamento era provisional y pronto desaparecería.

—Como usted sabe —empezó diciendo John— son tres barcos. Estos barcos libraron una dura batalla con los españoles, enemigos de Inglaterra. Sufrieron daños en combate y se vieron forzados a buscar refugio en la bahía de Chesapeake para proceder a repararlos. Los dos navíos que usted ha mencionado han sido reparados, pero el tercero sigue teniendo vías de agua.[4] Los dos barcos han zarpado hacia Inglaterra para obtener provisiones. Cuando regresen,

---

3   Asentamiento: Instalación provisional de colonos o cultivadores en tierras no habitadas o cuyos habitantes son desplazados
4   Vías de agua: Sucede cuando se produce una entrada de agua a través del casco, normalmente en la parte de la obra viva o carena. Una vía de agua no tiene por qué conllevar la pérdida del barco, siempre que se actúe con rapidez y además no estemos demasiado alejados de la costa, ya que conviene cuanto antes poder llevar el barco hasta aguas poco profundas.

terminaremos de reparar el otro barco, y después volveremos a Inglaterra.

John esperaba que su argumento fuera convincente, ya que su vida pendía de un hilo ante el jefe Powhatan. Pero antes de acabar, decidió arriesgar firmemente.

—Yo soy jefe del grupo de ingleses lo mismo que usted lo es de su pueblo —dijo John al jefe Powhatan—. Los míos esperan que vuelva pronto al asentamiento. Si no vuelvo, con seguridad los ingleses vendrán a buscarme. Vendrán portando mosquetes[5] y en botes armados con cañones.

El jefe Powhatan, sentado en silencio, sopesó lo que John acababa de decir. Finalmente, se reunió con un grupo de consejeros que le ayudaran a decidir el destino de John Smith. Éste no podía hacer nada más que esperar el veredicto.

Finalmente el jefe Powhatan tomó una decisión. Hizo una señal a varios guerreros que aguardaban a la puerta de la cabaña. Instantes después rodaron una gran piedra plana y la colocaron delante del fuego. Luego, dos fornidos guerreros aparecieron con gruesos palos de madera. A John se le aceleró el pulso. Sabía que unos de los medios de ejecución que usaban los indios locales era colocar la cabeza de un hombre sobre una piedra y machacarle el cerebro con pesadas porras. Y, al parecer, eso es lo que el jefe Powhatan había escogido para John Smith.

Varios guerreros agarraron a John y lo empujaron hacia adelante. Le obligaron a poner su cabeza sobre la fría piedra y retrocedieron cuando los dos guerreros daban un paso al frente y levantaban sus palos.

5   Mosquetes: Arma de fuego antigua, mucho más larga y de mayor calibre que el fusil, que se disparaba apoyándola sobre una horquilla.

Mientras John esperaba el dolor terrible del primer golpe contra su sien, mil pensamientos le pasaron por la cabeza. Pero el que se articuló fue: *De modo que así es como va a acabar la vida del muchacho de Lincolnshire.*

Capítulo 2

Sueños de aventuras

Era una mañana calurosa del verano de 1588 en Lincolnshire, y John Smith, con sus ocho años y sus dos amigos, hijos de Lord Willoughby, Peregrine y Robert Bertie, se abrían camino a través de la verde campiña hasta el mar. Pensaban construir un bote cuando alcanzaran su destino y navegar por el mar del Norte. El sueño de John era ser como Sir Francis Drake. Éste era el héroe de John, no solo por ser el primer inglés que había dado la vuelta al mundo, sino porque pocas semanas antes, sir Francis había salvado a Inglaterra de ser invadida por los españoles. De hecho, John se lamentaba de que fuera su hermano menor el que se llamara Francis y no él.

Mientras los niños iban de camino encontraron restos de una gran hoguera. John dio una patada al rescoldo,[1] lanzando un montón de cenizas al aire.

---

1 Rescoldo: Brasa menuda resguardada por la ceniza.

—¿Saben lo que es esto? —preguntó.

Peregrine y Robert le miraron fijamente.

—Son restos de una de las señales de humo que advertían que la armada española se acercaba —respondió John su propia pregunta—. Pero tuvimos una sorpresa para los españoles. Sir Francis Drake no estaba dispuesto a permitirles que invadieran Inglaterra sin luchar —continuó diciendo, aprovechando la oportunidad para contar a Peregrine y Robert todo lo que sabía acerca del incidente—. Sir Francis y sir John Hawkings les respondieron. Los barcos ingleses fueron más veloces y sus cañones mejores que los de los españoles. No mucho después los barcos de la armada fueron hundidos por los ingleses. Y por si fuera poco, sobrevino una gran tormenta que hundió otros muchos barcos, de modo que lo que quedó de la ella tuvo que retirarse hacia España, derrotada una vez más por su viejo enemigo Francis Drake.

John sacó pecho mientras caminaba. De niño quería ser como Francis Drake. Vivir una vida llena de aventuras y conquistas en rincones remotos de la tierra. Y cuando los muchachos llegaran al mar, comenzaría la primera aventura de John.

En la playa, John y los niños Bertie se pusieron a construir una balsa. Localizaron varios troncos que había sobre la arena y los arrastraron hasta el borde del agua. Ataron los troncos con el cordel que llevaban. Y una vez que comprobaron que estaban atados firmemente fueron en busca de palos alargados para remar mar adentro una vez estrenada la balsa.

A primera hora de la tarde habían encontrado los palos a modo de remos que necesitaban. Los niños comenzaron a arrastrar la balsa hacia el agua, lo cual no fue tarea fácil, pero poco a poco los chicos empujaron los maderos hasta hacerlos flotar. Una vez que la balsa estuvo a flote, la empujaron por encima de las olas que rompían en la orilla y se subieron a bordo. John tomó inmediatamente el mando de la balsa, se colocó en la proa y ordenó a Peregrine y Robert que remaran más fuerte.

De manera que esto es lo que significa ser como Francis Drake, pensó John a medida que la balsa dejaba la orilla atrás y se adentraba en el mar del Norte. Había llegado la hora de cazar barcos españoles que merodearan para atacarlos.

—¡Nos hundimos!, ¡nos hundimos! —gritó Peregrine, interrumpiendo el ensueño de John.

En efecto, cuando John centró su atención en la balsa, el agua ya la cubría.

—¿Qué vamos a hacer? —exclamó Robert con inquietud—. ¡No sabemos nadar!

De súbito, John no se sintió tan valiente. Su aventura se estaba convirtiendo rápidamente en un desastre. Escrutó[2] el mar en torno suyo para ver si veía un bote o algo que flotase en la superficie a lo que se pudieran quizás agarrar. Entonces vio un barco de pesca que se les acercaba, y respiró aliviado.

—Miren —dijo, señalando el barco.

Cuando Peregrine y Robert vieron el barco, comenzaron a agitar frenéticamente los brazos para llamar la atención del pescador. Cuando el barco pesquero llegó a su lado, la balsa estaba completamente sumergida, y el agua les llegaba hasta las rodillas.

—Señorito Bertie y señorito Smith —dijo el capitán del barco—, parece que se han metido en un gran problema. Pensaron que estos troncos les mantendrían a flote, ¿no es así?

---

2 Escrutó: Indagar, examinar cuidadosamente, explorar.

John asintió levemente, avergonzado por la observación.

—Será mejor que suban a bordo en seguida, antes que eso se hunda del todo —dijo el capitán.

Los tres muchachos escalaron a la embarcación
pesquera, la cual se acercó a la orilla. Cuando toca-
ron tierra firme, dos de los pescadores escoltaron a
los muchachos a casa y relataron a lord Willoughby
y al padre de John lo que había sucedido.

John entró en casa sigilosamente. Su madre estaba amamantando a la pequeña Alicia junto al fuego de la chimenea. Levantó las cejas y vio la ropa
mojada de John, pero no le castigó después de cam-
biarse. De pronto, sin que se le tuviera que recordar,
John recogió el cubo de ordeñar y salió.

Al instante, John estuvo sentado en la banque-
ta de tres patas, escuchando el ritmo silbante de la
leche contra el cubo de madera. Deseó quedarse allí
mucho tiempo, porque sabía que una vez que fina-
lizara sus tareas, tendría que atender a una repri-
menda de su padre. Escucharía la habitual arenga
en la que George Smith preguntaba a su hijo por qué
no podía contentarse con trabajar en la granja o estar agradecido de que un día heredaría su propio terreno. Eso era suficiente para hacer feliz a cualquier
otro muchacho de Lincolnshire. Así pues, ¿por qué
John tenía que ir en busca de aventuras para sí?

Era una pregunta que John no sabía responder.
Sabía que su padre tenía razón —debería estar agradecido porque un día heredaría tierra. Esto solo era
suficiente para provocar la envidia de otros muchachos que vivían en la hacienda de lord Willoughby.
Sus padres, como los de John, eran arrendatarios
de la hacienda, pero, a diferencia de ellos, el padre

de John era también propietario, dueño de varias huertas, unos cuantos acres de pastizal y al menos dos casas alquiladas en la localidad de Louth. El hecho de ser propietario y al mismo tiempo granjero arrendatario concedía a George Smith una posición social mucho más alta. Los Smith eran la única familia de la hacienda que era regularmente invitada a la mansión para cenar con lord Willoughby y su familia. Y debido a la posición de su padre, John también asistía a la escuela con los muchachos Bertie en la localidad cercana de Alford. En la escuela aprendía aritmética, latín, griego e inglés.

A pesar de los privilegios, algo en lo más profundo de John le aseguraba que él no seguiría las pisadas de su padre. Era diferente, diferente de su hermano menor Francis, que ni siquiera sabía que sir Francis Drake se había dirigido hacia el este o el oeste cuando diera la vuelta al mundo ocho años antes. Y a diferencia de los muchachos Bertie, quienes se contentaban con leer acerca de las nuevas colonias plantadas por España, Francia y Portugal en el Nuevo Mundo. John no se contentaba con leer esas cosas. Él quería ir al Nuevo Mundo en persona. Y después que los ingleses derrotaran a la armada española (también llamada invencible), demostrando su superioridad en los mares, confiaba en que los ingleses no tardarían en establecer colonias en el Nuevo Mundo. Pero temía que todas las grandes aventuras y descubrimientos que se hacían en el mundo concluyeran antes de que él fuera suficientemente mayor para iniciar su propia aventura.

A medida que John se aproximaba a la edad adulta, descubrió que emprender su propia aventura no iba a ser tan fácil como se había imaginado. A los quince años la oportunidad llamó a la puerta. La reina Elizabeth acababa de encargar la formación de una nueva flota permanente, conocida como *Royal Navy* para proteger los barcos y las costas inglesas. Esta nueva marina buscaba reclutas y John estaba deseoso de presentar su solicitud. Sin embargo, el padre de John cerró la puerta pronta y firmemente a esta oportunidad. Poco después que John cumpliera dieciséis años pasó a ser aprendiz en casa del rico comerciante Thomas Sendall en la cercana localidad de Lynn. Sendall no tenía hijos y deseaba contar con un aprendiz joven y prometedor, con la esperanza de que un día fuera socio de la compañía y posiblemente heredero de su fortuna.

Tal oportunidad era maravillosa para otro pero no para John Smith. No obstante, el jovencito no tuvo la última palabra en el asunto. En consecuencia, hizo las maletas y fue enviado a vivir con su nuevo amo. Se consoló con la esperanza de ascender rápidamente a una posición en la que fuera enviado a Francia a comprar seda, o Alemania a comprar herrajes.

Las esperanzas de John pronto se vieron truncadas. Descubrió que ser aprendiz de un comerciante suponía estar sentado ante un escritorio en un duro taburete de madera, sumando columnas de números y escribiendo cartas hora tras hora. Era más que suficiente para producir dolor de cabeza en un joven, especialmente en los meses de invierno, cuando oscurecía a las cuatro de la tarde y tenía que continuar su trabajo a la luz de una vela.

Cuanto más tiempo pasaba frente al escritorio escribiendo cartas y añadiendo cifras menos posibilidades tenía John de escapar de aquella situación. Los papeles que lo ligaban a Thomas Sendall eran documentos legalmente vinculantes. La única salida que le quedaba era comprar dichos documentos. Pero esto era imposible ya que el muchacho no ganaba dinero. A cambio de seis años de trabajo, Sendall se comprometió a ofrecerle cama y comida y a instruirle en cuestiones de compraventa, pero sin recibir otros ingresos.

Las cosas no fueron más fáciles cuando a principios de 1596 John se enteró de que sir Francis Drake había muerto y sido arrojado al mar frente a las costas de Panamá. Con la desaparición de Francis Drake desapareció también la esperanza de John de escapar a su situación presente y ponerse al servicio del corsario más famoso del mundo. Fue un duro golpe para John, quien se sintió más atrapado que nunca. Tenía por delante años de aburrimiento, hasta que un día de 1596, su hermano Francis irrumpió en el almacén. Repentinamente, todo cambió.

—¡Padre acaba de morir! —gritó Francis frenéticamente, aun estando delante de John—. Vamos. Madre te necesita.

John obtuvo rápidamente permiso de Thomas Sendall para abandonar su escritorio y acto seguido se encaramó a lomos del caballo de Francis. Mientras los chicos galopaban por la campiña de Lincolnshire, John intentó pensar qué significaría para él la muerte de su padre. Ya sabía que iba a heredar siete acres de pradera, tres huertas y la mayor parte del ganado de su padre, pero ¿de qué manera iba a cambiar su vida? Supuso que su madre esperaría que satisficiera las obligaciones contraídas con el contrato de aprendizaje y volviera a la hacienda de Willoughby para hacerse cargo de la granja de la familia Smith. Pero incluso antes de llegar a casa para ayudar a preparar el funeral y el entierro de su padre, otro plan se dibujó en su mente. Sí, compensaría sus obligaciones, pero no para trabajar en la granja. A los dieciséis años, creyó que había llegado para él el momento de ver mundo.

Capítulo 3

En algún rincón de Europa le esperaba una aventura

—Pero madre, puede que nunca vuelva a tener una oportunidad como esta —suplicó John—. Piénselo. No estaré mucho tiempo fuera, solo seis meses. Robert estará conmigo todo ese tiempo. Y cuando lleguemos a Francia, Peregrine nos estará esperando. Después del viaje, vendré a casa, volveré a ser aprendiz y ayudaré a gestionar la granja.

—Oh John, sería mejor que no fueras —suspiró la señora Smith.

John se mordió el labio para no esbozar una sonrisa. Había ganado la partida. Una vez que su madre dejó de prohibirle ir a Francia y se limitó a desear que no fuese, solo era cuestión de tiempo para darle su consentimiento. Como cabía esperar, una semana más tarde, solo tres meses después de la muerte de su padre, John obtuvo permiso para acompañar a Robert a Francia a visitar a su hermano Peregrine, que estudiaba en Orleáns.

A pesar de sus expectativas, ni su madre ni lord Willoughby, nombrado ejecutor testamentario de la hacienda de su padre, aceptaron que John comprara su desvinculación con su aprendizaje. Por tanto, John pidió y obtuvo permiso de Thomas Sendall para ausentarse de su puesto de aprendiz para viajar a Francia. Antes de partir, vendió parte del ganado que había heredado de su padre. Entregó la mitad del producto de la venta a su madre y guardó la otra mitad para costearse el viaje.

Poco después todo estuvo organizado y John y Robert se hallaban de camino a Londres para embarcarse en un barco mercante rumbo a Francia. Prometieron a lord Willoughby que solo pasarían una noche en Londres, pero una vez que vieron la ciudad, ninguno de ellos podía abandonarla. Había mucho que hacer y ver. Los jóvenes deambularon por Westminster Abbey, el edificio más grande que habían visto en su vida y fueron a visitar la Torre de Londres, donde la reina Elizabeth había tenido encarcelada dos meses a su hermana Mary. También se asombraron al ver el palacio de St. James que había sido reedificado cincuenta y cinco años antes por el rey Henry VIII (Enrique VIII). Descubrieron también que Londres tenía otras cosas que ofrecer. Apostaron en peleas de osos, bebieron cerveza en tabernas de la ciudad y asistieron a estruendosas representaciones teatrales de un nuevo dramaturgo llamado William Shakespeare.

Con todo lo que había que hacer y ver en Londres, pasó una semana entera hasta que los jóvenes se embarcaran finalmente rumbo a Francia. En su niñez John había soñado cientos de veces con navegar a bordo de barcos de vela, pero ni una sola vez se le había ocurrido qué le sucedería cuando el barco levara anclas y navegara por el río Támesis hacia una mar agitada. John se indispuso gravemente y se vio obligado a refugiarse bajo cubierta para tenderse en una hamaca, con el estómago revuelto mientras el barco cruzaba el canal de la Mancha. Ni por un momento en los dos días de travesía se aventuró a salir a cubierta. Solo abandonó su hamaca cuando el barco atracó por fin en el puerto de St.-Valéry-sur-Somme, en la costa norte de Francia.

John se alegró de volver a pisar tierra, especialmente tierra extranjera. Robert alquiló sendos caballos, y los dos jóvenes cabalgaron hacia París para encontrarse con Peregrine. París tenía fama de ser la ciudad más sofisticada del mundo, y John estaba ilusionado con la idea de explorarla.

París no lo decepcionó, quien pensaba que Londres era una urbe maravillosa, pero París era espectacular. Esta ciudad tenía más calles adoquinadas que cualquier otra ciudad europea, y sus calles y plazas estaban adornadas con grandes estatuas de mármol. La ciudad también contaba con un buen número de galerías de arte, entre las que destacaba el Louvre, en el que se estaba construyendo una nueva galería. Y después, estaba la gran catedral de Notre Dame, cuyo tamaño y arquitectura impresionaron grandemente a John. Pero París era más que meros edificios magníficos. También tenía parques y más teatros que Londres. En cada esquina aparecían posadas y restaurantes que servían la mejor comida y el mejor vino que John jamás había probado.

París ofrecía tanto para ver y hacer que las vacaciones de seis semanas pasaron volando. A medida que tocaban a su fin, John tomó una decisión. Después de todo, no regresaría a su casa de Lincoln. En algún lugar de Europa le esperaban aventuras y él procuraría encontrarlas. Por supuesto, por aquel entonces ya se le había acabado el dinero y tuvo que pensar en conseguir un empleo y cobrar un sueldo. Pero no quería quedar atrapado trabajando en un sitio ni tampoco deseaba hacerse a la mar después de haber sufrido mareos en la travesía del canal de la Mancha. Empezó a sopesar una opción: alistarse en el ejército francés.

He aquí una oportunidad de conseguirlo todo: una paga regular, compañeros para viajar, y la oportunidad de ir más lejos que nunca, se dijo John a sí mismo. Además, le gustaba lo que defendía el ejército francés. El rey Enrique IV de Francia era hugonote,[1] o protestante, y estaba enzarzado en un conflicto con el rey de España, el católico Felipe II, para dirimir el futuro de Francia. Enrique IV contaba con un ejército bien disciplinado, y en diez años de lucha había hecho retroceder lentamente a los españoles y unificado Francia.

Con grandes esperanzas, John se dirigió hacia las lomas cercanas a Le Havre, donde estaba estacionado el ejército francés. Mientras trotaba en su caballo, meditó en cómo dar la mejor imagen de sí mismo para ser alistado en el ejército. Solo tenía dieciséis años y ninguna experiencia en la guerra, aunque se animó al recordar las lecciones de esgrima con los niños Bertie. No era el mejor jinete, pero podía aguantar sobre la montura, y se había criado

---

1 Hugonote: Seguidor de la doctrina de Calvino en Francia.

en una granja. Y aunque nunca hubiera disparado una pistola o visto un cañón, estaba seguro de que llegaría a ser un buen tirador. El principal inconveniente contra él era que no hablaba francés, excepto algunas palabras que había aprendido en París.

Cuando John llegó al campamento del ejército francés habló con un sargento vestido con pantalones de cuero desgastados y coraza oxidada. John hizo lo posible por explicarle al sargento que quería alistarse en el ejército. El sargento le miró de arriba abajo y le ordenó en francés que abandonara el campamento. No obstante, estaba decidido a incorporarse al ejército, fingió no entenderle y argumentó su caso. El malhumorado sargento le ordenó marcharse y de nuevo John se quedó inmóvil. Pero esta vez un capitán del ejército que hablaba inglés había oído el intercambio verbal. Llamó a John y le explicó que el ejército francés no aceptaba reclutas por el momento. Le sugirió que intentara incorporarse a una de las compañías de mercenarios que luchaban junto al ejército francés. «Están al otro lado del campamento», dijo, señalando la dirección.

Aunque John albergaba en su corazón la idea de alistarse en el ejército francés, aceptó la sugerencia del capitán y se dirigió hacia las compañías mercenarias que luchaban junto al ejército. Al fin y al cabo, ¿qué otra opción le quedaba? Se había gastado todo el dinero, y si no encontraba un puesto en el ejército, se vería obligado a mendigar por las calles para sobrevivir.

Al otro extremo del campamento, John encontró una compañía de mercenarios compuesta en su mayoría de ciudadanos ingleses. Cuando anunció que deseaba incorporarse a la compañía, le dijeron que antes tenía que pasar por una prueba. Tendría que combatir contra Luis de Toledo, teniente de la compañía y segundo al mando. Luis era un hombre canoso, con tez curtida, cuya nariz aplastada, partida, destacaba visiblemente. John se quedó boquiabierto cuando Luis se quitó la camisa y expuso un pecho musculoso y lleno de cicatrices. Intentó decirle que lo olvidara, pero recurrió a su coraje, se quitó la camisa y se dispuso a luchar.

John había aprendido en la escuela, en Inglaterra, la importancia de la deportividad y el respeto a las reglas. Poco después se enteraría de que entre los mercenarios no se observaban tales reglas. Al poco de comenzar la pelea, Luis infligió a John una patada en la ingle. Éste sintió un dolor atroz. Creyó que se le doblaban las rodillas. En ese momento su adversario le arremetió, y le mordió en la oreja. John cayó a tierra, con el voluminoso cuerpo de Luis encima. De inmediato, el teniente dio un salto y empezó a patearle lanzando un aluvión de patadas y puñetazos contra el cuerpo de John. Éste intentó ponerse de pie y devolver los golpes, pero Luis era demasiado para él. Sus ataques iban produciendo efecto, y la pelea cesó después de unos minutos. La oscuridad se cernió sobre John y quedó inconsciente.

Cuando finalmente volvió en sí, John tenía la seguridad de haber fallado la prueba. Estaba ensangrentado y magullado y había quedado inconsciente en poco tiempo. Pero, para su sorpresa, John vio que Luis se curaba sus heridas con brandy barato.

—¡Enhorabuena!, ha superado la prueba —dijo el teniente en un inglés chapurreado.

John apenas se lo podía creer. Había alcanzado el rango de mercenario.

En seguida oyó hablar de la banda de mercenarios a la que se había incorporado. Estaba al mando del capitán Joseph Duxbury, hijo menor de un barón inglés que había dilapidado[2] su herencia en el juego, en Londres. En vez de ir a la cárcel para afrontar sus deudas, Joseph huyó de Inglaterra y se hizo mercenario. Aunque muchos miembros de la compañía de mercenarios eran ingleses, había otros que procedían de Escocia, Irlanda y Alemania, e incluso algunos desertores españoles como Luis de Toledo.

John también descubrió que los mercenarios no recibían paga. Conseguían su dinero saqueando casas de traidores y despojando cadáveres caídos en combate. Pero debido a que no se había producido ninguna batalla en varios meses, las tropas mercenarias no habían obtenido ningún ingreso. Cada mañana el capitán Duxbury suministraba un pedazo de carne y un pan a cada voluntario, los cuales los hombres podían comer durante el día. John recibió un yelmo de acero emplumado que constituía el uniforme de la compañía. Se enteró en seguida que, aparte de eso, dependía de sí mismo. Como no se les había proporcionado mantas no pudo dormir su primera noche en la compañía a causa del frío. Los otros mercenarios se burlaron y le dijeron que no se calentaría hasta que pelearan con alguien y saquearan mantas y ropas.

La idea de luchar preocupaba a John. No se hacía instrucción[3] en el campamento, y como no tenía caballo ni arma, lo más probable era que no resultara muy útil en batalla. De hecho, sospechó que probablemente lo matarían en los primeros minutos,

---

2 Dilapidado: Malgastar los bienes propios, o los que alguien tiene a su cargo.
3 Instrucción: Conjunto de enseñanzas, prácticas, etc., para el adiestramiento del soldado.

nada más de entrar en combate. Finalmente, el capitán Duxbury facilitó a John un viejo mosquete que le sirviera como arma, pero ésta desapareció una noche mientras dormía.

Un día sucedía a otro. Los hombres solían dedicar la mañana al juego y después bebían por la tarde y por la noche en los bares de la localidad. Pero participar en tales actividades requería dinero, y John no tenía un centavo para divertirse. Finalmente, el aburrimiento le empujó a pasear por las aldeas vecinas, y en una de ellas, Harfleur, leyó un letrero que solicitaba ayuda a la puerta de una carnicería.

John se enteró de que los dos hijos del carnicero estaban en el ejército y el hombre necesitaba desesperadamente ayuda para cortar carne de ternera, de cordero y de buey por las tardes. El carnicero le explicó a John que no podía ofrecerle mucho dinero, pero a cambio de su trabajo podría pagarle una pequeña cantidad y ofrecerle cada día una comida decente preparada por su mujer, así como una jarra de cerveza. Como no tenía otra cosa que hacer, John aceptó el empleo y pronto hincó los codos sobre carcasas[4] de animales. No le importaba el trabajo. Había ayudado a su padre a destazar[5] ovejas y vacas en la granja cuando todavía era niño. A veces, mientras trabajaba, John se preguntaba si algún día llegaría a vivir una gran aventura. ¿O simplemente había cambiado una forma de aburrimiento por otra?

Entonces, un cálido día de verano, la compañía de mercenarios de John, acampada cerca de Le Havre, tuvo que iniciar la marcha. Se ordenó a los hombres buscar y matar tropas españolas que se

---

4 Carcasas: Esqueleto (conjunto de piezas que da consistencia al cuerpo).
5 Destazar: Hacer piezas una oveja o res muerta.

hallaran por el norte de Francia. John se alegró de la mudanza. Al menos el primer día. Pero el segundo, los pies se le llenaron de ampollas y se cansó de andar en pos de caballos que parecían no hacer más que levantar polvo.

Once días después de partir la marcha aún continuaba. Entonces, el duodécimo día, el capitán Duxbury informó que las tropas españolas se encontraban acampadas cerca de Grandvilliers. La noticia estimuló a los mercenarios, quienes, al saber que los españoles se habían retirado a la ciudad amurallada y cerrado sus puertas, supieron que había llegado el momento de actuar.

Los mercenarios se dirigieron hacia la mansión en la que se habían alojado los españoles. Mientras marchaba John se lamentó que los hombres en cabalgaduras llegarían allí mucho antes que él y serían los primeros en hacerse con el botín que hubiera en la casa. No obstante, cuando llegaron por fin al lugar del escenario, vio que había tenido suerte. Sus camaradas pululaban en torno a la casa, pero ninguno había entrado en el establo.

John dio un empujoncito a un compañero que también iba a pie, y ambos se apartaron y salieron disparados hacia el establo. Una vez allí, descubrieron que había varios caballos abandonados. Se acercó a un pesebre y se hizo con una de las jacas,[6] un caballo alazán de cuatro años. También se hizo con una montura y una gruesa manta. Y para su sorpresa, encontró una espada apoyada en la esquina del pesebre que había alojado a su nuevo caballo. En menos de quince minutos, John, tenía su caballo, ensilló el animal, lo sacó y lo montó.

---

6   Jacas: Caballo cuya alzada no llega a metro y medio.

A lomos de su cabalgadura, orgulloso, John se sintió parte importante de la escaramuza.[7] Ahora tenía caballo, montura, manta y un arma útil. Irguió la cabeza mientras cabalgaba. Se había convertido en un gentil soldado; estaba listo y equipado para librar una batalla real.

---

7   Escaramuza: Refriega de poca importancia sostenida especialmente por las avanzadas de los ejércitos.

Capítulo 4

Una especie de leyenda

John sonrió al oír la historia que sus compañeros le refirieron. Gracias a Dios —se dijo a sí mismo— que sus tres compañeros de patrulla eran los soldados más alegres de la compañía, ya que sus relatos ayudaban a pasar el tiempo. Los cuatro estaban patrullando una estrecha franja de terreno de unos cien metros de longitud por el exterior de la muralla de Amiens. Habían cabalgado por ese tramo ya tres días. No era una asignación seductora, pero sí necesaria. Justo dos semanas antes, el 18 de marzo de 1597, el ejército español había penetrado las líneas defensivas francesas y capturado la ciudad de Amiens. Esto obligó al rey Enrique IV a actuar rápidamente. Amiens era la puerta de acceso a las tierras bajas francesas, y si los españoles mantenían ese punto de apoyo podrían ocupar completamente Francia.

John admiraba la manera en que el rey francés se había hecho con el control de las tropas y sometido a asedio la ciudad de Amiens. A nadie se le permitiría salir o entrar en la ciudad hasta que se acabara la comida y el agua, y las tropas españolas allí encerradas se hubieran rendido. Equipados con mosquetes y pistolas, a John y sus tres compañeros les fue asignado patrullar una pequeña sección de la muralla para que nadie entrara o saliera de la ciudad. El recorrido que los caballos hollaron[1] mientras patrullaban la zona bordeaba un profundo barranco con laderas boscosas y cantos rodados.[2]

La tarea era bastante aburrida. Los hombres tenían que mantenerse sobre la montura y patrullar dieciocho horas diarias, no permitiéndoseles bajarse del caballo para comer o beber. Al final de cada turno se presentaba otro grupo de mercenarios para relevarles, a fin de que los primeros pudieran volver al campamento para comer y dormir seis horas. Pero John confiaba en que no todo fuera aburrimiento, que al final pudiera surgir alguna acción, especialmente, a medida que el asedio se prolongaba y los que estaban atrapados dentro sentían desesperación.

Pero John no tuvo que esperar demasiado para que se cumpliese su deseo. Él y sus tres compañeros acababan de alcanzar el extremo sur de la franja de terreno y viraron hacia el norte cuando John

1 Hollaron: Pisar dejando señal de la pisada.
2 Cantos rodados: Son rocas o trozos de rocas sueltos, más o menos redondeados, de tonalidades y superficies suaves. Son el producto de procesos geológicos externos, en este caso erosión y transporte de rocas ígneas. El canto rodado es común en los ríos y sus márgenes. La erosión y transporte fluvial elimina sus aristas, al tiempo que la roca se va desgastando lentamente por corrosión o fuerza de las corrientes de agua. Su superficie se hace lisa.

les avistó. Un pelotón de soldados españoles salió de Amiens a escondidas y cargaron contra ellos con caballos. El pensamiento de John se aceleró. Con el barranco por detrás y por el costado, los cuatro mercenarios estaban atrapados. Tenían que hacer algo o serían masacrados. Aunque John dudó de su supervivencia, incluso si reaccionaban. Pero tenían que intentarlo.

—Por aquí, síganme —masculló John a sus tres compañeros.

Al instante, espoleó su caballo y a todo galope se dirigió hacia el pelotón de soldados españoles. Los otros tres hombres le siguieron con sus caballos.

Sin detenerse, John empuñó el mosquete colgado de su hombro izquierdo. Lo elevó lo mejor que pudo, apuntó y abrió fuego. El disparo dio en el hombro del teniente español que lideraba el ataque. Cuando el teniente se desplomó sobre su silla, su caballo viró hacia la derecha y se alejó.

A pesar de herir a su oficial, el resto del pelotón siguió adelante. John también. Como no tenía tiempo para cargar su mosquete, sacó una pistola del cinturón. No obstante, en esta ocasión en vez de alcanzar a un soldado, alcanzó su caballo. El animal se derrumbó en el suelo, lo que hizo derrapar a su jinete.

En ese momento, los tres compañeros de John ya habían levantado sus mosquetes y disparado a volea. Sus disparos dieron en el blanco, hirieron a dos soldados españoles y mataron a un tercero. Súbitamente, los caballos que transportaban a los españoles frenaron y se dispersaron. Los hombres renunciaban a la lucha. Se dieron media vuelta y se alejaron al galope. Los cuatro mercenarios recargaron rápidamente sus armas y abrieron fuego.

—Ha sido una actuación audaz, aunque un poco
temeraria —le advirtió uno de los mercenarios después de la huida hacia Amiens de los soldados españoles—. Eres más valiente que yo. No creí que sa-
liéramos vivos.

La heroica y temeraria hazaña de John fue muy
alabada por sus camaradas en el campamento, de
modo que John pasó a ser una especie de leyenda
para aquellos hombres, tanto, que el capitán Duxbury
le ascendió al rango de sargento. Su valentía llegó
también a oídos del rey de Francia, lo cual agradó a
John más que ninguna otra cosa.

El rey Enrique IV en seguida se convirtió en el
héroe de John. Era un hombre inteligente que pre-
fería guiar a sus hombres a la batalla en vez de dis-
ponerles delante de él. Además, a menudo participa-
ba en las patrullas nocturnas y se turnaba en ciertos
servicios que prestaban los soldados. Y una vez que
John se había distinguido, el rey Enrique salía a veces de patrulla con él, y le explicaba su plan de re-
matar el asedio contra los españoles. Pero a pesar
de los planes del rey, el sitio se prolongó en demasía
hasta una primavera húmeda y un verano sofocan-
te. De alguna manera el pueblo francés y los soldados españoles atrapados dentro de las murallas de
Amiens se las arreglaron para sobrevivir. Los españoles fueron capaces de lanzar lluvias de disparos
de mosquete y flechas contra los que estaban fuera
de la muralla sitiando la ciudad.

A mitad del verano los españoles engañaron a
uno de los generales franceses, lo que les permitió introducir suministros para abastecer la ciudad
asediada. Como al rey Enrique IV le preocupaba que
el sitio se prolongara excesivamente si no emprendía

una acción decisiva, pidió más tropas a París. Había llegado el momento de lanzar un ataque masivo contra Amiens, lo que John había estado esperando hacía muchas semanas.

Desafortunadamente, las esperanzas de John se desvanecieron. Cuando el rey Felipe II de España se enteró del futuro ataque a Amiens, decidió que había llegado el momento de rendirse, lo que sucedió el 25 de septiembre de 1597. De este modo, la guerra entre Francia y España tocó a su fin. Esto supuso una doble decepción para John. No solo no se libró ninguna batalla, sino que tampoco se permitió a los mercenarios saquear la ciudad, pues había vuelto a manos francesas. No obstante, una vez concluida la guerra, el rey Enrique se mostró generoso con los mercenarios que habían combatido en el bando francés.

Sin nada más que su paga en el bolsillo, John se puso en marcha hacia su siguiente aventura. Le tomó gusto a la vida militar y cuando el capitán Duxbury anunció que iba a dirigir una marcha sobre Ámsterdam, Holanda, para impedir que el rey Felipe II recuperara ese país, John fue el primero en apuntarse. Solo tenía diecisiete años, pero cuando se inició la marcha ya era un héroe de guerra y había visto más mundo que muchos hombres que le doblaban en edad.

La marcha hacia Holanda, situada en el noreste, fue cómoda. Los mercenarios que se alistaron para luchar tenían dinero en el bolsillo y bestias para cabalgar. De vez en cuando John se preguntaba cómo irían las cosas en Lincolnshire, pero no sintió vivos deseos de retornar a casa. Ver Europa y luchar en guerras era demasiado divertido como para cambiarlo por la vida de un granjero inglés.

Afortunadamente para Holanda, el rey Felipe II falleció repentinamente el 13 de septiembre de 1598 y los españoles tardaron un poco más de un año en reagruparse. En ese tiempo, no ganaron ni un palmo[3] de territorio holandés. Entonces, en 1600, el nuevo rey Felipe III, se dispuso a proseguir la conquista de Holanda ordenando una serie de ataques contra el país que John y su banda de mercenarios ayudaron a repeler. Luego, el 1 de julio del año 1600, los holandeses tomaron la iniciativa y atacaron la fortaleza española de Nieuport, en la vecina Bélgica. Como de costumbre, John ocupó puestos de vanguardia.

Los españoles podrían haber resistido indefinidamente el ataque contra su posición fortificada de Nieuport, ya que estaba ubicada en la costa y podría haber sido fácilmente abastecida por mar. Pero Maurice de Nassau, presidente del Consejo de Estado Holandés y comandante en jefe del ejército del país, era un estratega militar sobresaliente y concibió un plan para tentar a los españoles a salir de sus fortalezas. Hizo que una pequeña fuerza atacara Nieuport directamente. Los españoles mordieron el anzuelo. Pensando que era la mejor fuerza que los holandeses habían conseguido reunir, abrieron las puertas de la ciudad y enviaron varios regimientos de solados para destruir al enemigo. No obstante, una vez que los españoles dejaron atrás la seguridad de la ciudad amurallada, varias compañías de mercenarios, incluida la de John, atacaron a los españoles por la retaguardia cortando su ruta de escape hacia Nieuport. Al ver la difícil situación en que se hallaban sus tropas, los españoles se vieron obligados a enviar las

---

3 Palmo: Medida de longitud de unos 20 cm, que equivalía a la cuarta parte de una vara y estaba dividida en doce partes iguales o dedos.

que quedaban en la ciudad como refuerzos. Pero tan pronto como esos soldados salieron de la fortificación, las tropas holandesas les atacaron por detrás y también cortaron su ruta de escape. Con sus tropas bien colocadas, Maurice dio la orden de atacar.

La compañía de mercenarios del capitán Duxbury estaba en el centro de la línea de caballería que ahora avanzaba para atacar a las tropas españolas. John ni siquiera notó los disparos de mosquete y las flechas que caían por doquier. Con los pies plantados firmemente en los estribos y espada en mano, se levantó y animó a los otros mercenarios a seguir adelante. Al mismo tiempo, blandió la espada a diestra y siniestra, alcanzando y matando a cuantos soldados españoles pudo.

La feroz batalla duró menos de una hora. Maurice de Nassau y su ejército lograron una victoria aplastante sobre unas tropas españolas teóricamente superiores.

Cuando la batalla tocaba a su fin, muchos soldados españoles se replegaron, y los mercenarios los persiguieron, dando muerte a todos los que pudieron. Mientras John perseguía a un oficial español, éste se las arregló para darse la vuelta y disparar con su revólver. La bala alcanzó a John, haciéndole caer del caballo, de mpdo que tuvo que ser retirado del campo de batalla por sus compañeros.

John resultó gravemente herido y no pudo regresar a Holanda con el resto de su compañía. Tuvo que ser atendido en casa de un comerciante de Nieuport. Tardó seis semanas en recuperarse lo suficiente como para emprender viaje a Holanda. El capitán Duxbury se había llevado su caballo, de modo que John no tuvo más remedio que hacer todo el camino

a pie. Avanzó poco a poco, pero fue bien recompen-
sado cuando finalmente se reunió con sus hombres.
Éstos le dieron una calurosa bienvenida y el capitán
Duxbury le volvió a ascender, esta vez al rango de
alférez. Esto hizo que John fuera tercero en la línea
de mando de la compañía, un honor considerable
para un hombre tan joven.

También le esperaba otro honor.

—John, tienes que leer esto —dijo el capitán
Duxbury, poco después de llegar John, pasándole
una copia del informe de Maurice de Nassau sobre la
batalla de Nieuport al tiempo que señalaba un párra-
fo en particular. John comenzó a leer.

> Los jinetes de pago cabalgaron en vanguardia,
> y fueron inspirados por el ejemplo de un sargento
> inglés de la compañía Duxbury, un tal Jon Smyt
> [Smith], que lanzaba golpes tan rápidos que dejó
> una hilera de cadáveres españoles a su paso.
> Otros jinetes presionaron con fervor parejo, has-
> ta que los mercenarios alcanzaron la retaguardia
> del enemigo, mientras éstos se daban la vuelta y
> se disponían a cabalgar. Desde los de atrás has-
> ta los de adelante, nuestros valientes regimientos
> pisaron los talones al enemigo, que se dispersó en
> desbandada.

—Aparte de los comandantes del ejército holandés, el suyo es el único nombre que se menciona en
el informe —dijo el capitán Duxbury, dando a John
una palmada de felicitación en la espalda—. Éste sintió gran satisfacción personal por el logro conseguido.

Sin embargo, John no tuvo más oportunidades
de servir en el nuevo rango. Después de aquella derrota, los españoles entablaron negociaciones de paz

con los holandeses y las compañías de mercenarios decidieron viajar a Austria para combatir contra los turcos musulmanes. John recapacitó largo y tendido acerca de unirse a ellos, pero al final decidió que había llegado el momento de volver a casa y ver cómo estaba su familia. Había salido de Inglaterra para tomarse unas vacaciones de seis semanas y estado ausente cuatro años. No obstante, como no tenía prisa por llegar a Lincolnshire, decidió pasar unas semanas en Ámsterdam, y pasear por la ciudad con el capitán Duxbury.

Después de deambular de arriba abajo por las estrechas calles de la ciudad y subir en las barcas que circulaban por los canales que la dividían, el capitán Duxbury presentó a John a un hombre de edad mediana llamado Peter Plancius. Peter era el geógrafo[4] más famoso de Holanda, de modo que John quedó fascinado al instante de sus conocimientos de cartografía y exploración. Las semanas siguientes John pasó casi todo su tiempo en la casa de Peter, donde se le mostraron los mapas más recientes del Nuevo Mundo. Los dos hombres especularon acerca de la posibilidad de lo que podría haber más allá de los límites del mundo conocido.

Cuando llegó por fin el momento de partir hacia Inglaterra, John sintió tristeza al tener que dejar atrás a su nuevo amigo. Pero no se fue con las manos vacías. Peter le escribió una carta de presentación para Richard Hakluyt, su homólogo y colega en Londres.

Con la carta de presentación en mano, John subió a bordo de un mercante inglés con destino a Londres. Al ser el único pasajero a bordo, John comía con la

---

4 Geógrafo: Especialista en geografía.

tripulación y ayudaba a limpiar los aparejos.[5] También descubrió que ya no se mareaba tanto como en el viaje a Francia. A medida que se cubría la travesía, John descubrió que el capitán del barco, Henry Hudson, era un hombre extraordinario que demostraba ser un marinero diestro. Al aproximarse una gran tormenta, Henry supo lo que tenía que hacer y hacia dónde dirigir exactamente la nave para no recibir el pleno impacto del vendaval y las olas. John también se enteró de que Henry había navegado con el capitán John Davisen un viaje de exploración que les llevó a Groenlandia y a lo largo de la costa este del continente americano. Henry rebosaba de historias acerca de aquella aventura, de modo que él y John pasaron largas horas conversando hasta bien entrada la noche.

De hecho, John estaba sorprendido por los acontecimientos de las últimas semanas. Acababa de pasar tiempo con uno de los geógrafos europeos más destacados y ahora escuchaba relatos de un marinero experto con largo historial de navegación. Solo el tiempo diría cómo estos dos factores impulsarían a John hacia su propio destino en la historia.

---

5   Aparejos: Conjunto de palos, vergas, jarcias y velas de un buque. Aparejo de cruz, de cuchillo, de abanico.

Capítulo 5

El capitán John Smith

Cuando el barco que zarpara de Holanda atracó finalmente en Londres, Henry invitó a John a quedarse con él y su familia de cuatro hijos por una semana. John aceptó la invitación y ambos conversaron sobre la exploración del mundo desconocido. Henry explicó a John su intuición de que había un pasillo para llegar a las Indias Orientales. «Tal pasaje debe hallarse, bien por las regiones del polo norte, bien a través del gran continente americano», añadió Henry.

Mientras estuvo en Londres, John visitó a Richard Hakluyt en Westminster. Entregó a Richard la carta de presentación que había escrito Peter Plancius, y los dos hombres en seguida se hicieron amigos. Richard demostró ser tan interesante y conocedor del mundo como Peter.

Después de una semana en Londres, John se despidió de sus nuevos amigos y puso rumbo hacia

Lincolnshire. Resolvió presentarse con clase, a lomos de un caballo tordo, con un elegante casco plateado. Sus alforjas iban llenas de plata y de regalos para su familia y la familia de lord Willoughby.

John constató que habían pasado muchas cosas en el tiempo que él había estado ausente. Su hermano Francis se había casado y establecido una granja. Al mismo tiempo, un granjero estaba saliendo con su hermana Alice, y cuando John le preguntó acerca de él Alice se molestó bastante. John cayó en la cuenta de que aunque era su hermano mayor, había estado ausente bastante tiempo, y una vez vuelto, nadie quería que asumiera su antiguo rol familiar. La madre de John se encontraba bien, pero lord Willoughby había fallecido un año antes. Peregrine Bertie era el nuevo lord Willoughby. John le visitó y halló que estaba atrapado en los asuntos cotidianos de su pequeño mundo, aunque se mostró deseoso de oír todas las aventuras que había vivido John en el continente europeo.

Resultó que tanta gente acudió a escuchar a John contar sus aventuras que pronto se cansó de atraer tanta atención. Preguntó al nuevo lord Willoughby si podía construir una cabaña en lo profundo del bosque y vivir allí en compañía de los pájaros y ciervos que habitaban en aquel lugar, y completar su dieta con los frutos secos que llevaría con él. Peregrine le concedió permiso, y John se retiró a su refugio en el bosque para meditar y recuperarse de la tensión de la guerra. Ni siquiera se llevó una muda de ropa, aunque sí se permitió el lujo de llevar consigo libros.

Mientras estuvo en Europa, John había conocido algo muy importante de sí mismo. Se dio cuenta de que aunque no había estudiado en la universidad,

era un hombre inteligente que aprendía idiomas
con facilidad. Pero en este momento quería cultivar
su mente todo lo posible. Pidió libros prestados a la
mansión y a un amigo que vivía a varios kilómetros
de distancia. Entre ellos figuraban algunos títulos de
su nuevo amigo Richard Hakluyt; una colección de
mapas confeccionados por Peter Plancius; un tratado
de filosofía de Marco Aurelio, emperador romano del
segundo siglo, titulado Meditaciones; y otro volumen,
El arte de la guerra, del italiano Maquiavelo. Éste último explicaba en detalle cómo adquirir, mantener y
usar la fuerza militar contra varios enemigos. Dado
que *El arte de la guerra* estaba escrito en italiano,
John llevó un diccionario bilingüe para aprender a
leerlo. También estudió religión por ese tiempo, con
la esperanza de hallar algún sentido en la lucha entre
los católicos y los protestantes en Europa.

John no tenía ninguna otra cosa qué hacer excepto leer y estudiar, sacar agua, encender un fuego y cazar para obtener alimento. Salía de aquel
escondite una vez a la semana para visitar a su
madre y abastecerse de velas de sebo que ella le con-
feccionaba.

Seis meses después John abandonó su campamento descansado y con un nuevo plan. Estaba completamente seguro de que nunca estaría contento si
se establecía como granjero en Inglaterra, ni quiso
volver a luchar contra los católicos. La idea de que
hubiera cristianos combatiendo contra cristianos le
disgustaba. Se buscó una nueva causa. En esta ocasión viajaría hasta los confines de Europa Oriental
para ayudar a los austriacos y los húngaros a repeler
a los musulmanes turcos que habían ocupado grandes extensiones de su territorio.

Esta no fue una decisión popular, ya que la madre de John le suplicó a su hijo que sentara la cabeza. Como respuesta, John hizo una concesión. Aceptó dejar su dinero con su hermano Francis y no llevarlo consigo. De este modo —pensaba su madre— si regresa sano y salvo, tendrá algo para vivir.

El último día de julio de 1601 John zarpó rumbo a Francia. Llevaba una armadura ligera, su casco plateado, e iba armado con una espada, una pistola y un cuchillo de doble filo, que guardaba en la bota. Estaba preparado para hacer frente a lo que pudiera sobrevenir.

La primera parte de su viaje a través del canal de la Mancha hasta Francia transcurrió sin novedad. Como en su viaje de regreso desde Holanda con Henry Hudson, John comprobó que ya no sufría mareos. Una vez en Francia, John viajó por tierra hasta Marsella, en la costa mediterránea, donde se embarcó de nuevo rumbo a Italia. Esta fase de su viaje resultó espeluznante. Desde el momento en que subió la pasarela para acceder a la nave, John se sintió incómodo. Los demás pasajeros a bordo eran todos católicos procedentes de varios países, que iban de peregrinación a Roma. John hizo lo que pudo para pasar desapercibido. Pero era evidente que era inglés y protestante.

La cosas fueron de mal en peor el segundo día de viaje. El barco se topó con una fuerte tormenta, de manera que olas gigantescas sacudían el barco de uno a otro costado. Al caer la tarde muchos pasajeros se arrodillaron para orar por sus vidas. Pero resultó que ninguno necesitaba orar más fervientemente que John Smith, porque los otros pasajeros se le echaron encima.

—Todos los ingleses son piratas —gritó un pasajero.

—Y protestantes. Dios ha enviado esta tormenta por causa de ti —gritó otro venciendo el aullido de la tempestad.

La vela mayor se partió por encima de ellos a causa de una embestida del viento y un grupo de hombres feroces con mejillas enrojecidas se acercó a John.

—Tú has traído una maldición sobre nosotros. Al agua —gritó uno de ellos.

Le siguió una ovación. Fue el último sonido que oyó John antes de ser arrojado por la borda sin miramientos.

Un mar oscuro e irritado engulló a John. Luchó por aflorar a la superficie, pero no estaba seguro si iba hacia arriba o hacia abajo. Finalmente, emergió en la superficie justo a tiempo. Jadeó y respiró antes de volver a descender. Al ir hacia abajo, captó el resplandor de un relámpago y un vistazo del barco sacudiéndose por encima de la ola siguiente.

Era todo lo que John podía hacer para mantenerse a flote hasta que la tormenta por fin amainara y él avistara ligeramente el contorno de una isla a la luz de la luna. El barco desapareció en la oscuridad, llevándose su dinero, su coraza y sus armas. Pero no podía pensar ahora en esas cosas. Tenía que concentrarse en llegar a la isla.

Lentamente, avanzando centímetro a centímetro, John chapoteó hacia la playa. Cuando por fin la alcanzó estaba demasiado exhausto como para salir completamente del agua. Yació tendido boca abajo sobre la arena, jadeando.

Cuando salió el sol, John se puso de pie, tambaleante. Caminó por la playa como un kilómetro y medio y no vio señales de vida ni presencia humana. De pronto, al bordear un saliente, vio un barco anclado. Era obvio que la nave se había refugiado de la tormenta en una pequeña cala. John movió frenéticamente los brazos para hacerse ver hasta que un pequeño bote fue descolgado por un costado y remó hasta la orilla para recogerle.

John descubrió que el barco era un corsario capitaneado y tripulado por un grupo de bretones, de la Bretaña francesa. Refirió su trágica historia al capitán de cómo había sido arrojado al mar y arribado a la isla. Mientras hablaba, John notó que el capitán le daba la bienvenida. Y efectivamente, poco después el capitán facilitó a John una muda seca de ropa y le armó con una espada y una pistola. El capitán también invitó a John a incorporarse a la tripulación del corsario. John aceptó porque la única alternativa que le quedaba era ser desterrado. Durante seis meses navegó por todo el Mediterráneo, visitando Chipre, Grecia y Alejandría, en Egipto, lugares que nunca había soñado que llegaría a visitar. Por el camino, los hombres atacaron y saquearon varios barcos pequeños. Durante el tiempo que pasó a bordo del corsario, John aprendió muchísimo acerca de navegación y marinería.

Finalmente, después de seis meses, John desembarcó en el puerto italiano de Nápoles. Dejó el barco con más riqueza que cuando subió a bordo. Al descender del mismo en el muelle de Nápoles, John tenía 225 libras en el bolsillo de su chaqueta, como parte del botín que la tripulación había desvalijado de otros barcos en ese periodo. Esto era mucho dinero, más que suficiente para disfrutar de las vistas, los sonidos, y la comida italiana, así como para adquirir una nueva armadura y un caballo.

Después de detenerse unos días en Roma, John se dirigió hacia Austria a través del norte de Italia, hasta llegar a contactar con el ejército del archiduque Ferdinand, que combatía contra los turcos. Las cosas le fueron bien a John desde el principio. Se encontraba a gusto entre las distintas culturas representadas en su unidad. Además de Inglaterra, los otros hombres procedían de Escocia, Holanda, Italia, Gales y Francia. Con su facilidad para aprender idiomas, John se podía comunicar más y mejor que ningún otro de la compañía. Esto acarreó pronto la atención de su comandante, el conde de Meldritch, quien preguntó a John si tenía alguna idea para liberar a la ciudad húngara de Oberlimbach, rodeada y sitiada por veinte mil turcos. Atrapados en la ciudad, había un contingente de soldados austriacos bajo el mando de Ebersbaught.

Por extraño que parezca, John le conocía. Ambos se habían conocido cuando John se alistara en el ejército. Durante su tiempo de lectura y estudio en el bosque de Lincolnshire, John había aprendido la técnica de usar tres antorchas para enviar señales en el campo de batalla, y por alguna razón se lo había comentado a Ebersbaught. Recordó la conversación que habían mantenido.

—¿Tienes alguna destreza militar especial? —le había preguntado Ebersbaught.

—Conozco una manera de enviar mensajes secretos sin tener que enviar un mensajero que podría ser detenido por el enemigo —repuso John. Ebersbaught enarcó[1] las cejas.

—Háblame más de este método —le dijo.

John había explicado a Ebersbaught que haciendo uso de una antorcha se podían comunicar las

---

1 Enarcó: Dar forma de arco.

primeras letras del alfabeto. A mostrar una luz solo una vez, se indicaba la letra A, y una luz sencilla mostrada tres veces indicaba una C. Esto funcionaba hasta llegar a la letra M. Cuando se quería señalizar la letra M se usaban dos antorchas. Mostrando dos luces una vez se mostraba la M y dos luces dos veces la N, y así sucesivamente hasta llegar a la Z.

—Pero ¿cómo sabe la persona que recibe el mensaje cuándo acaba una palabra? —Ebersbaught le preguntó.

Para indicar eso el emisor sostiene tres antorchas a la vez. Y como la luz se esparce en todas las direcciones, no es necesario enviar un mensajero. Ni tampoco puede el enemigo interceptar el mensaje —le dijo John.

—Es una forma muy inteligente de enviar mensajes. Escribe aquí el código para mí —dijo Ebersbaught.

John dudaba que Ebersbaught aún guardara una copia del código. Tenía el presentimiento de que así sería, y en ese caso, John tenía un plan de acción.

El plan implicaba usar fuegos artificiales por la noche para hacer creer a los turcos que estaban siendo atacados por un gran contingente de tropas. Cuando ellos desviaran la atención para repeler el ataque, el ejército austriaco comandado por el conde de Meldritch atacaría por el flanco[2] y sorprendería a los turcos desprevenidos. Al mismo tiempo, Ebersbaught y su contingente de soldados abrirían una brecha en la ciudad y atacarían a los turcos desde la retaguardia. Ebersbaught sabría cuando hacer esto porque John le enviaría un mensaje cifrado con tres antorchas.

Se tardó un poco, pero al final John convenció al conde de que el plan daría resultado. Un jueves por

---

2   Flanco: Lado de una fuerza militar, o zona lateral e inmediata a ella.

la noche John ascendió a un alto que estaba enfrente de la ciudad asediada de Oberlimbach. Allí encendió tres antorchas y empezó a enviar un mensaje a Ebersbaught apostado en el interior de la ciudad. Deletreó el plan letra por letra, palabra por palabra, y esperó. Y efectivamente, a los pocos minutos tres antorchas se encendieron desde lo alto de la muralla, y Ebersbaught confirmó que había entendido el mensaje. El plan de John funcionaba.

Al día siguiente las tropas prepararon cientos de explosivos de fuegos artificiales para imitar la imagen y el ruido de disparo de mosquetes. Después de caer la noche, John y varios compañeros se deslizaron en la oscuridad y encendieron los fuegos artificiales. En la hora señalada, a la medianoche, se lanzaron los fuegos.

El plan funcionó a la perfección. Los turcos cayeron en la trampa: estaban siendo atacados y desviaron su atención para repeler el ataque, y mientras tanto, las tropas austriacas se apresuraron a atacar por un flanco al tiempo que Ebersbaught atacaba por la retaguardia. Los turcos, desprevenidos, fueron derrotados y la ciudad de Oberlimbach fue liberada.

El oficial que mandaba a John quedó tan impresionado por el resultado que le ascendió y le puso al mando de una unidad de 250 jinetes. Y como John había tenido tanto éxito en encontrar un plan para liberar Oberlimbach, el conde de Meldritchle confió otro problema, mucho más prolongado: la ciudad de Alba Regalis.

Alba Regalis estaba ubicada más cerca del corazón de Hungría, en el Trans-Danubio, y llevaba sesenta años ocupada por los turcos. Treinta mil

combatientes húngaros asediaron la ciudad, que se
consideraba inexpugnable incluso con una fuerza
dos veces superior.

Una vez más, a John se le ocurrió un plan. Su-
pervisó a sus hombres mientras llenaban de pólvora
grandes macetas de barro. Las macetas fueron luego
cubiertas de brea, azufre y trementina,[3] rellenas de
balas de mosquete y envueltas en tela. Finalmente,
se insertó una mecha empapada en aceite de lina-
za, alcanfor y azufre en cada maceta. Los hombres
prepararon cincuenta macetas, a las que John llamó
«dragones feroces».

Grandes catapultas[4] fueron acarreadas al lugar
idóneo apuntando al sector de Alba Regalis donde se
sabía que los turcos se reunían, especialmente bajo
ataque. El bombardeo comenzó a la medianoche. Las
mechas de los dragones feroces fueron prendidas y
lanzadas por encima de los muros de la ciudad, ex-
plotando al caer e incendiando los edificios circun-
dantes, y esparciendo una granizada de fragmentos
de bolas de mosquete en todas las direcciones.

Los dragones feroces cumplieron tan bien su trabajo, diezmaron de tal forma a los soldados turcos
que había en la ciudad que los treinta mil luchadores húngaros la atacaron, con escasa resistencia
turca, de modo que al cabo de poco se apoderaron
de ella. Después de sesenta años, Alba Regalis fue
arrancada de manos del enemigo.

De nuevo John fue el héroe del momento, y en
seguida su nombre y sus hazañas alcanzaron renom-
bre en los ejércitos austriaco y húngaro.

3 Trementina: Jugo casi líquido, pegajoso, odorífero y de sabor picante,
que fluye de los pinos, abetos, alerces y terebintos, y se emplea principalmente como disolvente en la industria de pinturas y barnices.
4 Catapultas: Máquina militar antigua para arrojar piedras o saetas.

El siguiente gran reto para John se presentó en la ciudad transilvana de Orastie, también en poder de los turcos. Las tropas húngaras asediaron la ciudad, cavaron lentamente trincheras alrededor y desplegaron catapultas y otras piezas de artillería. Por alguna razón, los turcos parecían aburridos ante tales preparativos y propusieron un duelo entre un oficial del ejército húngaro y un noble turco llamado Turbashaw. John se ofreció como voluntario. Los dos hombres acordaron un duelo montados a caballo y armados con lanzas y espadas.

En la hora señalada, Turbashaw salió por la muralla de Orastie con gran fanfarria, y un cortejo de siervos que transportaban su armadura y sus armas. Cuando Turbashaw finalmente se puso su armadura y montó su caballo, John salió desde la retaguardia, con su lanza bajo un brazo y su yelmo en el otro. Los dos combatientes arremetieron uno contra el otro y se encorvaron. Luego recorrieron setenta y cinco andaduras[5] en direcciones opuestas.

John se puso el yelmo, se apretó las cintas al costado de su armadura, empuñó su lanza y la elevó, listo para arremeter. Cuando sonó la pistola, espoleó el caballo y el animal arrancó al galope sin más.

Cuando John y Turbashaw arremetieron uno contra otro, aquél notó la debilidad en la armadura de su adversario —una pequeña grieta entre la coraza y el casco de Turbashaw—. John extendió el brazo y dirigió su lanza contra la grieta. Cuando los caballos se detuvieron uno frente al otro, la lanza de John halló su objetivo y logró derribar a Turbashaw del caballo. Entonces John desmontó y corrió hacia su enemigo. Turbashaw estaba muerto.

---

5 Andaduras: pasos.

Un amigo de Turbashaw, llamado Grualgo, se indignó al ver que John había dado muerte a su amigo, y desafió inmediatamente a John a otro duelo al día siguiente. John aceptó y el día siguiente por la tarde cabalgó una vez más para combatir.

Esta vez los hombres habían acordado ir armados con lanzas, espadas y pistolas. Una vez más John galopó hacia su adversario empuñando su lanza, pero en esta ocasión no pudo traspasar la armadura de Grualgo ni derribarle del caballo. Ambos combatientes espolearon sus caballos para una nueva carga. Cuando John hizo virar el caballo e inició la nueva carrera, Grualgo se había deshecho de la lanza y sacado su pistola. Disparó a John, quien sacudió su caballo a la derecha. La bala golpeó de refilón la coraza de John, abollándola, pero sin herirle.

Ahora le tocaba a John. Empuñó su pistola, apuntó y abrió fuego. La bala alcanzó a Grualgo por la espalda justo en la juntura de su coraza con la armadura del brazo. Grualgo cayó herido de su cabalgadura. Al instante, John estuvo junto a él. Sacó su espada y le asestó un golpe antes que pudiera contraatacar. Una vez más John salió victorioso.

Dos días después, fue John quien retó a los turcos para que enviaran a su mejor oficial a luchar contra él. Un hombre llamado Buenimolgri, o Bonny Mulgro, como John le llamó, aceptó el reto. En esta ocasión los hombres acordaron luchar con hachas de guerra, pistolas y espadas.

Mientras los dos hombres galopaban hacia su encuentro, sacaron sus pistolas y dispararon. Ambos fallaron el blanco. Retrocedieron y contraatacaron, esta vez haciendo uso de sus hachas de guerra. Fueron de un extremo al otro, esgrimieron sus atroces hachas y consiguieron abollar sus armaduras, pero ninguno de los dos obtuvo ventaja, es decir, hasta que Bonny Mulgro consiguió golpear con el hacha el casco de John. La fuerza del golpe le hizo tambalearse. El pie se le salió del estribo, pero no acabó de caerse del caballo.

Mientras John se esforzaba por recuperar el equilibrio sobre la silla del caballo. Bonny Mulgro se dispuso a asestar un golpe letal. Un gran vítor emergió del bando turco que observaba el duelo desde la muralla de Orastie. Cuando Bonny Mulgro levantó su hacha para asestar el golpe definitivo, John detectó el punto débil de su contrincante: una pequeña grieta en su armadura. De un solo movimiento, tratando aún de recuperar el equilibrio, John empuñó su espada, la sacó de la vaina y golpeó a su adversario en su punto débil. Bonny Mulgro se desplomó y cayó al suelo.

Fue una gran victoria para John, que dejó a los turcos abatidos. Poco después, Orastie cayó en poder de las tropas cristianas que la habían tenido sitiada.

El príncipe Zsigmond de Transylvania se asombró tanto de la valentía de John que le recompensó con una insignia que mostraba la cabeza de los tres turcos y le concedió una pensión anual de trescientos ducados. Además, el comandante de John le promocionó al rango de capitán y le regaló un potro, una espada y un cinturón cuya suma ascendía a trescientos ducados.

El capitán John Smith estaba exultante. Había combatido con todas sus fuerzas y resultado vencedor, pero al aceptar la aclamación y el galardón de sus compañeros, no tenía ni idea de cuán pronto la victoria se puede trocar en ceniza.

Capítulo 6

Esclavizado

—Capitán Smith, creo que estamos metidos en un gran problema.

El conde de Meldritch se giró en su silla de montar hacia el rostro de John.

—Nos hemos adelantado demasiado al resto del ejército, y creo que hemos caído en una trampa.

John levantó la vista hacia los altos Alpes de Transylvania que surgían por el este y por el oeste. Los 35.000 hombres del ejército austriaco marchaban varios días por detrás del cuerpo avanzado de tres mil hombres, del conde de Meldritch, que recorría el curso contrario del valle del río Oltu, ascendiendo hacia el desfiladero que conducía al otro lado de las montañas que tenían por delante.

—¿Qué le hace pensar que es una trampa? —preguntó John, tocando su revólver.

—He venido observando las colinas cercanas, y con frecuencia creo ver movimiento y ráfagas de luz.

Supongo que hay turcos vigilando nuestros pasos —repuso el conde de Meldritch.

John miró las cimas cubiertas de nieve, con mucho espacio para esconder un ejército entre las hendiduras y los matorrales. De pronto, algunas piedras rodaron por la ladera, y John vio a un hombre que hacía señales a otro situado más abajo en el valle. Se le aceleró el pulso.

—Tiene razón —dijo John—. Estamos rodeados aquí, y un comandante turco que fuera astuto haría que nos atacaran por detrás y por delante. Así quedaríamos atrapados y no tendríamos salida.

—Capitán Smith, usted y sus hombres mantengan su posición de vanguardia mientras hago que el resto de los hombres talen pinos que claven en el suelo para formar una empalizada.[1]

Esperemos que esto impida que la caballería turca se lance en picado para destruirnos y nos proporcione una oportunidad para luchar y escapar a esta situación.

John ordenó a sus hombres que siguieran su galope hasta la vanguardia, mirando cautelosamente hacia arriba. Unos cien turcos apostados en los altos que rodeaban el valle tenían clara ventaja sobre mil hombres en el fondo del mismo.

John y su unidad de 250 hombres tomaron posiciones. Varias veces habían tenido que atacar avanzadillas[2] de soldados turcos, rechazándolos, mientras el resto de los hombres del conde de Meldritch se apresuraban a construir una empalizada cuadrada para luchar y protegerse.

---

1   Empalizada: obra hecha de estacas.
2   Avanzadillas: Partida de soldados destacada del cuerpo principal, para observar de cerca al enemigo y precaver sorpresas.

Finalmente, se completó la empalizada, y John y sus hombres se parapetaron tras ella. Aunque la hilera de pinos clavados en el suelo impidiera a la caballería turca penetrar con sus cimitarras[3] en mano, también impedían que la caballería del conde de Meldritch actuara en batalla como de costumbre. En consecuencia, John y sus hombres se vieron forzados a desmontarlos y luchar como soldados de infantería.

Los hombres de John apenas tuvieron tiempo para desmontar y ocupar su posición antes que la primera oleada de la caballería turca les atacara. Pero las estacas de la empalizada frenaron su avance lo suficiente como para que los mosqueteros y arqueros del conde de Meldritch dispararan una y otra vez. Las balas y las flechas de los hombres dieron en el blanco y los turcos se vieron forzados a retroceder. Pero únicamente lo suficiente para reordenar sus líneas y atacar una vez más. De nuevo los mosqueteros y los arqueros dispararon y obligaron al enemigo a retirarse. Pero una vez más la caballería turca se reagrupaba y atacaba con el mismo resultado. Hasta que atacaron por cuarta vez.

Pero en esta ocasión los turcos atacaron los flancos de las tropas del conde de Meldritch. Los soldados austriacos fueron sometidos a presión por todos sus flancos, y a última hora de la tarde habían agotado su provisión de pólvora y flechas. La infantería turca se apresuró incontroladamente y extrajeron las estacas que formaban la empalizada. Luego atacó su caballería, blandiendo por encima de sus cabezas cimitarras resplandecientes ante los últimos rayos de sol. Se fraguaba la derrota. John sabía que

---

3 Cimitarra: Sable corto, de hoja curvada y ensanchada hacia la punta, que usaban turcos, persas y otros pueblos orientales.

no había manera de evitarla. Pero resolvió luchar valientemente hasta el fin, y mientras tanto, matar al mayor número posible de soldados turcos.

John contempló espantado que varios de sus hombres intentaban huir cruzando a nado el río Oltu hasta posicionarse contra los turcos en terreno más alto en la ribera opuesta. Pero su pesada armadura les arrastró al lecho del río, y se ahogaron.

Cuando la oscuridad envolvió finalmente el campo de batalla, ésta ya había concluido. La mayor parte de los hombres del conde de Meldritch yacían muertos o heridos. John Smith estaba tendido en un charco de sangre, después de quedar inconsciente en combate a causa de un fuerte golpe de espada sobre su yelmo. Volvió en sí ante una luz que le enfocó en los ojos y sintió un dolor punzante en la cabeza. Oyó que alguien le gritaba en turco y sintió una patada en el costado. Retorciéndose de dolor, dos pares de manos le agarraron y le pusieron de pie. Los hombres le despojaron de su armadura plateada de capitán y de su ropa interior hasta dejarle desnudo. Le pincharon en la herida que tenía en el brazo y charlaron en privado.

John adivinó al oír el tono de sus voces que discutían algo. Oró para que no estuvieran decidiendo si debía vivir o morir. Después fue arrastrado con los cadáveres hasta una fragua[4] que habían dispuesto en la entrada del valle.

Obviamente, los turcos estaban seguros de su victoria porque tenían un montón de collarines de hierro junto a la fragua. Uno de ellos fue colocado en el cuello de John, con un remache de hierro caliente de

4 Fragua: Fogón en que se caldean los metales para forjarlos, avivando el fuego mediante una corriente horizontal de aire producida por un fuelle o por otro aparato análogo.

cierre. John sintió el calor del remache cuando fue colocado a través de dos agujeros en el borde del collarín, con el extremo aplanado, para asegurarlo. Se había convertido en un prisionero con un collarín de hierro en el cuello. John, aún desnudo, fue encadenado a otros prisioneros y conducido hacia un llano herboso, donde un soldado turco les ordenó tumbarse a descansar.

Los hombres gemían hundidos en el suelo oscuro. John podía oír gritos de dolor, e incluso sollozos, pero él no hizo ningún ruido. Asumió que tenían un largo recorrido por delante como prisioneros, y todo aquel que no fuera apto para marchar probablemente sería aniquilado por la mañana. El principal objetivo de John era salir vivo del valle. Después podría planear su escapada.

Y efectivamente, a la mañana siguiente los hombres que habían sobrevivido durante la noche y podían sostenerse en pie fueron encadenados a una malla de veinte hombres de ancho y veinte de largo y obligados a marchar hasta salir desnudos del valle.

John caminó junto a Tom Milmer, otro de los ingleses que servía en el ejército del conde de Meldritch. John y Tom no hablaron en tanto sorteaban pilas de cuerpos decapitados y esparcidos por el valle y cuerpos de compañeros ahogados a lo largo de la ribera del río Oltu. John calculó que más de dos mil quinientos soldados del conde de Meldritch habían sido masacrados en el valle un día antes.

Durante la marcha, los hombres intentaron apiñarse lo más posible intentando retener algo de calor en sus cuerpos desnudos. John se sorprendió de que la primera noche los turcos les proveyeran una sopa de cordero. No esperaba recibir buenos alimentos por

el camino. Entonces cayó en la cuenta de que probablemente tenían un largo recorrido por delante y sus
captores necesitaban que mantuviesen sus fuerzas.
¿Por qué? Esa era la pregunta que John se hacía, y
estaba seguro que también se la hacían todos sus
compañeros cautivos.

Los cautivos marcharon juntos otros tres días
hasta llegar a una ciudad a orillas del río Danubio,
cerca de la frontera sur de Transylvania. Era obvio
que centenares de soldados turcos estaban allí esta-
cionados, y cuando los cautivos pasaron por la ciudad la gente les abucheó y les tiró piedras.

Finalmente los hombres fueron conducidos a un
recinto, donde se les desató las cadenas y se les pro-
veyó de ásperas túnicas para vestirse. Fue bueno volver a estar vestidos. Se les proporcionó más comida y
los enfermos fueron atendidos por algunos médicos.

Todo esto estuvo bien, excepto una cosa: los
hombres no tenían idea de lo que les iba a suceder
después. John esperaba que fueran vendidos a mer-
caderes occidentales de esclavos que les liberaran
por un precio, pero eso ya no era probable, porque
habían penetrado bastante en territorio turco.

Los días se hicieron semanas. Transcurrió un mes
entero hasta que los hombres experimentaran un
cambio de rutina. De súbito, una mañana los guardias les llevaron a unas cubetas grandes de agua y
entregaron a cada uno un trapo untado con alquitrán
de pino. Los trapos eran para restregarse el cuerpo y
deshacerse de los piojos y pequeños insectos que se
habían alojado en los poros de su piel.

John se sintió revitalizado después de limpiarse
hasta notar que se había privado a los hombres de

sus bastas[5] túnicas y los cautivos volvían a estar desnudos. Una vez limpios, los hombres fueron alineados y encadenados entre sí. Esta vez fueron conducidos al centro de la ciudad, donde fueron desencadenados y atados a estacas clavadas en el suelo. John sintió náuseas; aquél era un mercado de esclavos.

Una vez que todos hubieron sido atados, los oficiales turcos interesados en pujar por los hombres les examinaron. Les pincharon y azuzaron y les abrieron la boca para inspeccionar sus dentaduras. John vio horrorizado la indignación que aquel proceso provocaba a Tom Milmer. Cuando un anciano oficial turco intentó examinar la dentadura de Tom, éste le golpeó. El oficial retrocedió de inmediato. Sacó su cimitarra y tumbó a Tom asestándole un solo golpe.

Viendo lo que había sucedido a su compañero, John sufrió en silencio la indignidad que suponía ser sometido a inspección como un caballo. Varios oficiales interesados en pujar[6] por John se cuestionaron si éste era realmente tan fuerte como parecía, por lo que él y varios prisioneros fueron desencadenados y puestos a un lado. Una vez separados fueron obligados a luchar entre sí, así como a levantar pesos para probar sus fuerzas. Cuando hubo finalizado la demostración, los hombres volvieron a ser encadenados y terminó la puja.

Una vez concluida la venta de esclavos y prisioneros, John se cotizó al precio más alto del día. Fue vendido a Pasha Timor, gobernador de Cambia (Bulgaria).

Después de la venta, John recibió un taparrabos y una tosca capa para cubrirse y fue llevado a

---

5   Bastas: Grosero, tosco, sin pulimento.
6   Pujar: Hacer fuerza para pasar adelante o proseguir una acción, procurando vencer el obstáculo que se encuentra.

la residencia de su nuevo amo. Al día siguiente le cortaron los remaches y le retiraron el aro metálico sobre su cuello. Experimentó una gran sensación de alivio. Era bastante pesado e irritaba constantemente el cuello de John. Una vez removida la argolla, John fue puesto sobre un asno y vuelto a encadenar por los tobillos y muñecas. Dos guardas montaron a caballo, tomaron la brida del asno, y guiaron a John por la ciudad. Se dirigieron hacia el sur emprendiendo un viaje de varios días sin detenerse. El viaje fue incómodo para John encaramado a lomos del borrico, pero se consoló pensando que al menos no se le había obligado a recorrer aquella distancia a pie.

Cuando los guardas se detuvieron y acamparon para pasar la noche, John tuvo que preparar los alimentos y servirlos. Si sobraba alguna comida después que los guardas se hubieran saciado, se le permitía comer a John. Pero si no quedaba nada, le acuciaba el hambre, lo cual acontecía normalmente, ya que los guardas parecían tener un apetito insaciable.

Después de muchos días de monta, los hombres llegaron a la ciudad de Constantinopla, capital del imperio otomano turco. Constantinopla, que una vez fuera capital del imperio romano, había sido capturada por los turcos en 1453. La ciudad se extendía sobre siete colinas alrededor de un puerto y por todas partes había señales que mostraban que era una ciudad musulmana. Las cúpulas y los minaretes[7] de las mezquitas se dibujaban en todas las direcciones. Pero aún había muchos signos de que una vez había sido la ciudad más importante de la cristiandad en esa parte de Europa. Las iglesias abundaban por

7   Minaretes: También alminar. Torre de las mezquitas, por lo común elevada y poco gruesa, desde cuya altura convoca el almuédano a los musulmanes en las horas de oración.

todas partes, aunque ya no se usaban para el culto cristiano, sino como almacenes, talleres y otros fines concretos. La ciudad también mostraba abundante evidencia de su herencia romana. Todavía estaba en pie el hipódromo, aún se celebraban torneos cada semana, y se usaban muchos otros escenarios para distintas clases de entretenimiento. Además, los grandes acueductos romanos que suministraban agua a la ciudad durante siglos aún estaban operativos y abastecían de agua a Constantinopla. Era una urbe bastante grandiosa, pero el estado de ánimo de John no era el adecuado para admirar la ciudad. Se sentía humillado y temeroso por lo que le podía esperar al llegar a Constantinopla.

John fue conducido a una gran residencia construida con piedra roja y fue entregado a la custodia de un grupo de mujeres esclavas. Mientras los eunucos vigilaban la puerta, las esclavas le bañaron, le perfumaron y le vistieron con ropa de mujer. Después de todo aquello, otro esclavo entró en el aposento para recortarle las cejas y pintarle cejas falsas con alheña.[8] Fue una de las experiencias más humillante de la vida de John. Él era soldado y ahora estaba ataviado con ropa de mujer y con sus cejas recortadas. Pensó que más le habría valido ser muerto aquella fatídica noche en el valle del río Oltu, en Transylvania.

Mientras John soportaba el recorte de cejas, observó atentamente a la esclava que lo llevaba a cabo. Se distinguía bastante de las demás. Era rubia, de ojos verdes y tez pálida.

—¿Es usted inglés? —susurró por fin la joven a John en acento de Londres.

---

8 Alheña: Polvo amarillo o rojo a que se reducen las hojas de la alheña (arbusto) secadas, utilizado como tinte, especialmente para el pelo.

—Sí —me llamo John Smith —repuso éste calladamente —¿Y usted?

—Elizabeth Rondee —respondió la joven. Hablaremos después.

Con esta conversación, el corazón de John recobró una leve esperanza. Una joven inglesa debiera ser capaz de ayudarle a escapar, o mejor aún, tal vez podrían escapar juntos.

Una hora después del recorte de cejas, y teñidas las nuevas, John se halló postrado sobre un suelo de baldosas. Delante de él estaba su nueva ama, lady Charatza Tragabigzanda. John comprobó que estaba muy aburrida y decidió entretenerla a ella y sus invitados actuando como sirvienta.

Tener que actuar de ese modo solo sirvió para aumentar la degradación que ya sentía. Deseaba poder vestir su propia ropa. Lo único que le animaba fueron los retazos de conversación que entablaba con Elizabeth. Ella le contó que era hija de un diplomático inglés que había prestado servicios en Portugal. Toda su familia viajaba de regreso a Inglaterra cuando piratas musulmanes atacaron su barco. Elizabeth vio cómo los piratas asesinaban a todos los que iban a bordo. Por alguna razón, a ella le perdonaron la vida, y acabó en Constantinopla, donde fue vendida por una suma considerable a lady Charatza. Elizabeth dijo que llevaba en Constantinopla aproximadamente un año, y en ese tiempo nunca había salido de casa.

El caso de Elizabeth entristeció y enfureció a John, pero sabía que si perdía la compostura, le quitarían la vida. De modo que observó y esperó. Pero su esperanza de un escape conjunto se vino abajo cuando se enteró de que Elizabeth había sido enviada a servir a

la prima de lady Charatza en una lejana ciudad ma-
rroquí del norte de África.

No mucho después, tuvo que ponerse en marcha
el propio John. Su ama le envió a la casa de su hermano Timor en Cambia. Mientras viajaba a lo largo
de las costas del mar Negro, John se preguntó qué
le deparaía el futuro. Al menos —se dijo—vestía de
nuevo ropa de hombre. Y sus cejas le volvían a cre-
cer. Esperaba que sus días como criada hubieran
terminado.

Cuando John llegó por fin a la hacienda de Pasha
Timor en Cambia, descubrió en seguida que el hombre que le había comprado originalmente en el mercado de esclavos era un amo cruel. En la hacienda
John ocupó su lugar entre esclavos de toda Europa
que se encontraban en idénticas circunstancias de
desgracia. Los esclavos trabajaban en el campo desde el amanecer hasta la puesta del sol siete días a la
semana. La mínima infracción era castigada con el
látigo del capataz, y el infractor se acostaba sin cenar esa noche. John intentó centrarse en escapar de
allí. Pero no encontraba la forma de hacerlo. Timor
le había puesto otro aro con remache en el cuello
que no se podía quitar sin ayuda. E incluso aunque
hubiera podido sacárselo del cuello, habría sido fácil
identificarle como esclavo extranjero. Hablaba poco
turco e iba vestido como un campesino. Además, el
castigo por intentar huir era la muerte por tortura,
la cual John estaba dispuesto a asumir solo si había
una posibilidad real de escapar.

Pero un frío día de febrero de 1604, la decisión de
huir o no le fue arrebatada de las manos. Quedarse
significaría una muerte instantánea. La única esperanza que le quedaba era huir.

Capítulo 7

Escape

Crack. Crack. Los dos golpes de fusta marcaron un dolor agudo, latente, en el cuerpo de John. Se despertó repentinamente de su sopor sobre un montón de paja ante la mirada iracunda del pachá[1] Timor gritándole abusivamente en turco.

John había sido esclavo por más de un año y esa fresca mañana su vigilante le había enviado solo a un campo como a unos cinco kilómetros del castillo del pachá Timor a trillar centeno. John había trabajado varias horas usando un bate pesado de madera para desgranar las espigas y apartar la paja. Una y otra vez, la paja apilada debajo de un pequeño cobertizo le invitaba a descansar, y como no esperaba ser inspeccionado hasta algunas horas más tarde, decidió tumbarse a descansar un poco. Entonces se quedó profundamente dormido.

---

1 Pacha: También Bajá. En el Imperio otomano, alto funcionario, virrey o gobernador. En algunos países musulmanes, título honorífico.

El pachá Timor siguió maltratando a John y le golpeó dos veces más con su látigo. La ira de John hirvió al instante. Sin pensárselo dos veces, dio un salto, empuñó el pesado bate que había estado usando y asestó un golpe en la sien de Timor. El pachá se tambaleó y John volvió a golpearle en la cabeza. Sangrando abundantemente, el pachá cayó al suelo. Entonces John se dio cuenta de lo que había hecho: matar a su amo. Por ese acto sería brutalmente torturado y condenado a muerte. Pero John no estaba dispuesto a aceptar esta suerte. Tenía que tomar de inmediato una decisión.

Dándose prisa, John despojó a Timor de su ropa y escondió el cuerpo del pachá debajo de la paja. Después se quitó su áspera túnica de lana y se puso la ropa del pachá. No pudo hacer nada por ocultar el aro metálico que llevaba en el cuello, y sabía que si le descubrían el aro declararía que era un esclavo huido. Tendría que correr riesgos. John se montó en el corcel de su amo, y una vez instalado en la silla empezó a galopar.

La siguiente cuestión que John tuvo que abordar era hacia dónde dirigirse. Sabía que no podía ir hacia el oeste, porque todo ese territorio estaba bajo el control de los turcos. Tampoco podía ir hacia el sur porque en esa dirección acabaría también en tierra controlada por los turcos. Al final optó por dirigirse al noreste, hacia Rusia. Como la mayoría de los europeos occidentales, John sabía poco de aquel lugar, ya que Rusia era un país aislado que no tenía contacto con el mundo exterior y muy suspicaz para con los extranjeros. John sabía que allí le podría ir mal, pero al menos los turcos no controlaban Rusia y John supuso que con un poco de suerte podría llegar con vida.

John cabalgó durante horas tratando de esqui-
varlas patrullas militares turcas y la gente que veía
por el camino, fueran esclavos o libres. Bastante
después de la puesta de sol John se detuvo a dormir
por algunas horas en un matorral que lindaba con
un campo de labor. Se coló en el granero de un granjero y robó un poco de grano para el caballo, y antes
de la salida del sol ya se hallaba de camino.

John viajó de este modo dieciséis días, robando
comida para él y su caballo. Bordeó el límite oriental
de Transylvania, y después de Moldavia, que también
estaba bajo control turco. Finalmente, cruzó la frontera con Rusia y respiró con alivio. Al menos ahora,
los turcos no le capturarían ni le torturarían hasta
darle muerte por haber matado a su amo. Pero no estaba seguro de las intenciones de los rusos. La gente
huía cuando él se acercaba y las puertas de las loca-
lidades por las que pasaba se le cerraban.

Una vez en Rusia, John se dirigió hacia el este a
lo largo de la costa norte del mar Negro, y después,
recorrió las orillas del mar de Azov. Finalmente, casi
tres semanas después de su huida, llegó a la ciudad
de Rostov, situada en la desembocadura del río Don.
A medida que John se acercaba a la muralla que
rodeaba Rostov, un grupo de soldados salieron de la
ciudad y le arrestaron. John no hablaba ni entendía
una palabra en aquella lengua, y por un momento
pensó que los soldados le iban a matar allí mismo.
Pero, al final, uno de ellos tomó las riendas de su
caballo y le condujo a la ciudad.

John no fue encerrado en la cárcel, tal como
había esperado, sino conducido a la residencia del
gobernador de la ciudad, el barón Reshdinski. Para
consuelo de John, el barón hablaba francés, latín,

griego y turco y, por supuesto, ruso. La ropa de John
ya estaba hecha jirones y se sintió agradecido cuando el barón Reshdinski le llevó a su residencia y le
ofreció asiento. Entonces, alternando el francés y el
latín, John relató al barón la trágica historia de su
captura y venta como esclavo.

El barón Reshdinski escuchó de buena gana todo
lo que John le contó.

—Me cae usted bien. Habla bien, y lamento el
trato que le han dado los turcos. Como forastero, es
bienvenido en Rostov, y creo que la gente le tratará
mejor que los turcos —dijo el barón cuando John
concluyó su relato.

John dejó escapar un profundo suspiro de alivio
al oír estas palabras. No sería condenado a muerte
ni hecho esclavo por los rusos. Y aunque después
John se enterara de que el barón Reshdinski tenía
fama de ser cruel con la gente que gobernaba, el barón se mostró sumamente amable con John. Llamó
a un herrero para quitarle el collarín de hierro del
cuello e hizo que su barbero le cortara el pelo y la
barba. También le suministró ropa nueva y mandó
a un criado que le llevara a darse un baño. Fue el
primer baño que John disfrutó en varios meses. El
agua en la piel le hizo sentirse bien, aunque el jabón
ruso no fuera fácil de asimilar. Era tan cáustico que
le afectó algunos trozos de piel.

Al día siguiente de llegar a Rostov, John dio un
paseo para explorar la ciudad. En cierto sentido,
Rostov era como otras ciudades europeas. Algunas
de sus calles exhibían casas magníficas que aloja-
ban familias ricas. John notó que a cualquier noble europeo le hubiera agradado residir en aquellas
mansiones. Pero otras calles estaban alineadas con

chozas de adobe, donde vivían los pobres, y John
pensó que los barrios pobres de Rostov eran más
miserables que los de otras ciudades europeas que
había visitado. Lo que más le fascinaba era el diseño
de muchas iglesias, pues no se parecían a las que
antes había visto. Con sus campanarios semejantes
a minaretes coronados con tejados abombados, las
iglesias le recordaban más a las mezquitas de Constantinopla que a las iglesias cristianas de Europa
occidental e Inglaterra.

Ese día John cenó con el barón Reshdinski y su
familia. Sentado a la mesa, ante los alimentos, sonrió
para sí al ver las enormes bandejas de comida que los
criados sacaban de la cocina. Era más comida de la
que había visto en años. John comió abundantemente y bebió de los mejores vinos del barón. Mientras
comía, apenas podía creer cómo habían cambiado
sus circunstancias. Solo tres semanas antes era un
esclavo que trabajaba desde antes de la salida hasta
después de la puesta del sol siete días a la semana,
con poca comida que llevarse a la boca, sin manta y
un frío suelo para dormir. Y ahora era honrado hués-
ped del gobernador de Rostov, en Rusia.

Después de una estancia de casi tres meses en
Rostov, llegó el momento de seguir adelante. Cama-
llata, sobrina del barón Reshdinski, iba a viajar a la
capital Moscú, ciudad situada al norte, en una cara-
vana. John se despidió del barón, le dio las gracias
por su amabilidad y su hospitalidad y emprendió el
viaje.

Resultó que Moscú era muy distinto de Rostov.
La ciudad estaba ubicada en medio de un bosque de
pinos a ambas riberas del río Moscova. Comparada
con Rostov, la capital era gris y poco atractiva. Su

estructura más imponente era el palacio del Kremlin una enorme fortaleza rodeada de una alta muralla de piedra en la que residía el zar de Rusia y desde donde gobernaba el país. Aunque el resto de la ciudad de Moscú parecía sombría comparada con el Kremlin, como era la capital, bullía de gente. Las calles estaban llenas de soldados, diplomáticos, funcionarios del gobierno y comerciantes locales.

Aunque a John le hubiera gustado explorar Moscú como hiciera antes en Rostov, guardias armados impedían que abandonara el pequeño apartamento que el barón Reshdinski le había dispuesto para alojarse. Cuando se quejó, le dijeron que a los extranjeros no se les permitía deambular a su antojo por las calles de Moscú.

Después de pasar varias semanas encerrado en su cuarto, John resolvió que lo mejor sería regresar a Rostov. El barón Reshdinski se encargó de enviar un grupo de cosacos armados para acompañar a John hacia el río Dniéster, en la frontera de Rusia con Hungría. Cuando llegaron al río, John lo cruzó y cabalgó en solitario por los montes Cárpatos. No tenía ni idea de lo que se encontraría al otro lado de las montañas. Si la guerra entre el ejército austriaco y el turco aún se libraba, se reintegraría al combate. Y si había acabado, iría en busca del príncipe Zsigmond de Transylvania para cobrar la pensión anual que éste le había prometido por derrotar a los tres rivales turcos en los duelos de Orastie.

Resultó que había entrado en vigor una tregua no declarada entre los turcos y los ejércitos cristianos y que el príncipe Zsigmong se hallaba en Graz. En su recorrido por Hungría, mucha gente le reconoció como héroe de los duelos de Orastie y los sitios de

Oberlimbach y Alba Regalis, y le ofrecieron comida y una habitación para dormir durante su viaje. John mostró gratitud por el agradecimiento y la hospitalidad de la gente, lo cual facilitó mucho el viaje hasta Graz.

Cuando por fin llegó a Graz, John se enteró que el príncipe Zsigmond se había trasladado a Praga, en Bohemia. Entonces John partió en seguida hacia Praga, pero cuando llegó a esta ciudad se enteró de que el príncipe se había mudado a Leipzig, en Sajonia. John se apresuró a llegar allí, y esta vez consiguió alcanzar al príncipe. Y con gran satisfacción, comprobó que su comandante, el conde de Meldritch, le acompañaba. John pensaba que el conde había caído en la batalla del valle del río Oltu, en Transylvania, cuando él mismo fue capturado por los turcos. El conde le contó la historia de su huida. Cuando todo parecía perdido en la batalla, varios oficiales le rescataron y le escondieron entre los arbustos. Y después de caer la noche, le sacaron del valle y le llevaron a un lugar seguro.

El príncipe Zsigmond y el conde de Meldritch ofrecieron un gran banquete en honor a John. Después del mismo, el príncipe Zsigmond presentó a John un escudo de armas. Con su propio escudo de armas John tenía derecho a escribir la palabra escudero junto a su nombre. El príncipe también le entregó un monedero que contenía mil ducados, a los que el conde de Meldritch añadió otros quinientos. El príncipe Zsigmond también le firmó un salvoconducto para que John viajara por Europa hasta que llegara a Inglaterra. Un salvoconducto exigía a los príncipes y reyes que gobernaban en otros países europeos honrar y mostrarse corteses con los

titulares de dichos pases mientras viajaban por sus
territorios.

Con su salvoconducto, su escudo de armas y su
bolsa de ducados, John partió de Leipzig rumbo a
Italia. Se detuvo en Siena y allí se encontró con los
hermanos Bertie, quienes estaban de vacaciones. Los
hombres disfrutaron de una gozosa reunión y John
dedicó muchas horas a entretener a Peregrine y su
esposa, o más precisamente a contar a lord y lady
Willoughby y Robert Bertie las aventuras que había
vivido desde que partiera de Lincolnshire para ir a
luchar contra los turcos.

Desde Siena, Robert resolvió a acompañar a John
hasta Francia, donde recorrieron las campiñas por
varias semanas. Después que Robert se volviese a
Inglaterra, John decidió conocer España, que hasta
hacía poco había sido archienemiga de Inglaterra.

En España, John visitó las ciudades de Bilbao,
Madrid, Toledo, Córdoba, Sevilla y Cádiz. Halló que
todas esas ciudades eran hermosas y que el pueblo
español era amable y amistoso para con él. John
descubrió que no había nada mejor que sentarse en
las tabernas para hablar con la gente. En una conversación en una taberna de Cádiz, se acordó de Elizabeth Rondee, la joven inglesa con quien entablara
amistad en la casa de lady Charatza Tragabigzanda
en Constantinopla.

John habló con un capitán portugués quien le
dijo que al otro lado del estrecho de Gibraltar, que
daba acceso al mar Mediterráneo, canal que separa
España del norte de África, se hallaba el país de Marruecos. John reconoció que ese era el lugar donde
Elizabeth había sido enviada a servir al primo de
lady Charatza, un pachá que gobernaba la zona en

representación de los turcos. Como John insistiera en preguntar al capitán portugués, éste le dijo que ese hombre, Mahomet ben Arif, vivía y gobernaba en la ciudad de El Araish, ubicada en la costa atlántica, unos ochenta kilómetros al suroeste de Tánger. Dos fortalezas asentadas en una inclinada colina sobre El Araish protegían la ciudad. El primer fuerte databa de tiempos romanos y era estrictamente una guarnición, pero el segundo, llamado La Cigogne, había sido edificado veinticinco años antes por los portugueses y estaba defendido con cañones y catapultas. El fuerte de La Cigogne era donde vivía Mahomet ben Arif con su familia.

En días sucesivos, John averiguó todo lo que pudo acerca de El Araish interrogando a otros capitanes de barco que habían visitado el lugar. Equipado con esta información, John comenzó a idear un plan para rescatar a Elizabeth. El plan precisó de varios meses para su organización, pero en septiembre de 1605, John zarpó en un corsario español hacia El Araish. Le acompañaron ocho mercenarios que había alquilado para el intento de rescate. Dos mercenarios eran franceses, dos ingleses y cuatro españoles. Capas holgadas y forradas de piel, ocultaban sus armas y sus corazas.

Cuando el barco llegó a El Araish, John representó el papel de un pachá rico y poderoso que gobernaba territorio turco en el este de Europa. Los ocho mercenarios le siguieron, fingiendo ser criados suyos. John anunció al capitán del puerto que había venido a rendir homenaje a Mahomet ben Arif y presentarle un regalo. El capitán del puerto les consiguió caballos y John y sus hombres emprendieron la marcha por la tortuosa senda que conducía a La Cigogne.

En la fortaleza, Mahomet ben Arif les dio una calurosa bienvenida y preparó una fiesta. Después de haber comido, John se retiró a una habitación privada con el pachá para conversar mientras sus hombres bebían sentados con los guardas armados.

John presentó a Mahomet ben Arif un anillo que según explicó era muy valioso. En realidad, el anillo era una imitación barata que John había comprado en España. El rostro del pachá esbozó una amplia sonrisa al aceptar y admirar el anillo. Hablando aún en turco, John le preguntó discretamente:

—¿Es cierto lo que he oído, que usted tiene una esclava inglesa en su casa?

Mahomet ben Arif no respondió la pregunta. Se limitó a admirar su anillo.

—Bueno, como solo era un rumor, dudé que fuera verdad —dijo astutamente.

Este comentario suscitó una respuesta del pachá quien admitió tener una esclava inglesa.

John sonrió

—No, no puede ser —dijo él —no es muy común tener una esclava inglesa.

—La tengo. Enviaré a llamarla para que usted mismo pueda comprobarlo.

Dicho esto, Mahomet ben Arif dio órdenes para que trajeran a la joven.

Unos minutos después, Elizabeth Rondee apareció delante de ellos. Su aspecto había cambiado poco, pero no reconoció a John en el atuendo que llevaba.

John manifestó al pachá que hablaba un inglés chapurreado y le pidió si podía hablar con Elizabeth. El pachá aceptó. Luego, hablando en inglés, John dijo rápidamente a Elizabeth que había venido a rescatarla. Elizabeth se conmovió tanto que soltó un suspiro y se le saltaron las lágrimas. John notó que Mahomet ben Arif sospechaba y antes que el pachá llamara a los guardas que estaban en la habitación contigua, John sacó un cuchillo oculto bajo la capa y le apuñaló.

Como Mahomet ben Arif se retorcía de dolor y Elizabeth lanzara un grito, los diez guardas del pachá corrieron a la sala. Justo detrás de ellos estaban los ocho mercenarios de John, quienes sacaron sus espadas escondidas. Se entabló una lucha feroz. Pocos minutos después todo había acabado. Todos los guardas de Mahomet ben Arif yacían muertos o tan gravemente heridos que no podían pedir ayuda, así como uno de los mercenarios españoles. John se desprendió de su capa y sombrero, se los puso a Elizabeth y los nueve salieron precipitadamente de la habitación.

—Rápido —instó John mientras corrían por el patio hacia los caballos.

Se acababan de montar en los caballos cuando se oyó un disparó de pistola y una voz gritó a los guardas que cerraran la verja de la fortaleza.

—Vienen por nosotros —dijo John espoleando su caballo.

El pelotón a la fuga galopó hacia la verja. Los alarmados guardas no tuvieron tiempo de cerrarla antes de que John y los otros la franquearan. Fuera del fuerte, los escapados formaron una sola hilera, con John en la retaguardia. Elizabeth fue colocada en el centro de la hilera. Los nueve recorrieron la estrecha senda tan rápido como pudieron hasta el puerto de El Araish, donde un bote de remos les esperaba para acercarles al barco. Acababan de subir a bordo cuando un grupo de soldados de la Cigogne llegaron galopando hasta el borde del agua. Los hombres a bordo del corsario se esforzaron febrilmente por izar y desplegar las velas antes de que pudieran ser capturados. Casi lo habían hecho cuando un aluvión de cañonazos lanzado desde La Cigogne cayó a su alrededor sin impactar contra el navío, lo cual les permitió navegar fuera de su alcance.

—Afortunadamente su puntería no era muy buena —dijo John con naturalidad a Elizabeth a medida que el barco se dirigía hacia mar abierta por el océano Atlántico.

No mucho después, una flota de barcos turcos zarpó del puerto de El Araish para darles caza. Pero, por fortuna para John y los otros, el capitán del corsario era un hombre con experiencia, y además, como el corsario estaba mejor diseñado y era más ágil sobre las aguas que los barcos turcos, el capitán fue capaz de superar tácticamente a sus perseguidores y dejarlos atrás. Al día siguiente el barco atracó en el puerto español de Cádiz, con una Elizabeth Rondee agradecida y liberta.

Como era un caballero, John decidió acompañar a Elizabeth hasta Londres para ver qué nuevas aventuras le esperaban allí.

Año Nuevo y proyecto nuevo

Cuando John navegó río Támesis arriba hasta Londres, el 4 de octubre de 1605, su llegada causó sensación. Había estado ausente por cuatro años, y en ese tiempo se había convertido en un legendario héroe de guerra cuyas hazañas se comentaban por toda Inglaterra. No solamente eso, llegó a casa acompañado de una hermosa joven inglesa a quien había rescatado en una arriesgada incursión contra una fortaleza turca en Marruecos.

Una vez en Inglaterra, Elizabeth se fue a vivir con su tía en el campo, mientras la gente quería oír las aventuras que John había vivido en Europa. Los dueños de tabernas le invitaban a interminables rondas de cerveza a cambio de sus cautivadoras narraciones.

Una semana después de llegar a Inglaterra John visitó a su amigo Richard Hakluyt para contarle lo que había visto en Rusia, país al que pocos ingleses habían viajado. También entretuvo al príncipe de Gales narrándole por cuatro horas historias de combates contra los turcos y fue recibido en audiencia por el nuevo rey James y su rolliza esposa Anne. La reina Elizabeth había fallecido dos años antes, en 1603, y su primo, el rey James VI de Escocia, pasó a ser James I.

John no volvió a casa, en Lincolnshire, hasta el invierno. No creyó necesario apresurarse, porque mientras estaba lejos, había fallecido su madre, y no estaba especialmente unido a su hermano o su hermana. Cuando por fin llegó a Lincolnshire, se asombró de las vidas grises que arrastraban sus hermanos, y aunque había sufrido muchas dificultades en sus viajes, estaba agradecido de haber visto más mundo que ellos. La visita a Lincolnshire fue corta. John se alegró de estar en Londres por Navidad.

Cuando regresó a Londres, John se vio inmediatamente atrapado en la vorágine de la festividad de Año Nuevo y un nuevo proyecto. Su amigo Richard Hakluyt se había dedicado por entero a ayudar a fundar la Compañía Virginia de Londres. Durante años Richard había defendido el establecimiento de colonias inglesas en América del Norte. En 1584 había publicado un libro titulado *Tratado de los cultivos occidentales*. En su libro exponía las razones por las que creía que era necesario establecer colonias inglesas en América del Norte. En primer lugar, dichas colonias servirían como bases ideales para atacar los intereses españoles en el Nuevo Mundo, lo que impediría que tanto España como Francia establecieran sus propias colonias en el continente. Ambos países habían intentado con escaso éxito establecer allí colonias permanentes. En segundo lugar, las colonias inglesas en América podrían servir como lugar donde los desempleados británicos encontraran trabajo. Y en tercer lugar, América del Norte era una tierra rica en recursos naturales con la que se podría comerciar.

Con estos objetivos en mente, fue establecida la Compañía Virginia de Londres, recibiendo estatuto real por el rey James. La compañía era una aventura comercial con el plan de explorar y colonizar América del Norte, para descubrir y traer todos los tesoros que se pudieran localizar, y convertir el pueblo nativo al cristianismo protestante. A John le fascinaba la idea de conquistar el continente para Inglaterra e invirtió quinientas libras de sus ahorros en la compañía. Además, fue más lejos: se ofreció como voluntario para formar parte de la primera ola de aventureros de la Compañía Virginia para viajar a América del Norte.

Aunque John no era de noble cuna, su reputación era suficiente como para granjearse un influyente rol en la expedición. Se habían de comprar tres barcos y hacerlos navegar por el océano Atlántico y se pidió a John que se uniera a los tres hombres que capitanearían las naves en tanto se preparaban para la misión.

El comodoro[1] de la flota fue el capitán Christopher Newport, quien cayó bien a John por su honestidad y su forma directa. Desde el momento en que se conocieron le resultó obvio que el capitán Newport conocía su oficio a la perfección, como también

---

1 Comodoro: En Inglaterra y otras naciones, capitán de navío cuando manda más de tres buques.

a sus tripulantes. John no podía decir lo mismo del capitán John Ratcliffe, quien podía ser agradable en cierto momento y desagradable después. El tercer capitán fue Bartholomew Gosnold, quien, aunque era el más joven de los tres había completado un viaje al Nuevo Mundo y regresado con éxito en 1602.

Estando plenamente ocupado en planear la expedición, John se llevó una sorpresa cuando fue llamado a la Torre de Londres para entrevistarse con el gran explorador sir Walter Raleigh. Sir Walter, que había disfrutado el favor de la reina Elizabeth, había intentado sin éxito establecer una colonia inglesa en la isla Roanoke, frente a las costas de Virginia (actualmente Carolina del Norte). No obstante, el rey James no tenía una opinión muy favorable de sir Walter Raleigh y le había mandado arrestar y encerrar en la Torre de Londres acusado de traición con argumentos poco consistentes.

En la Torre de Londres, John fue conducido hasta la celda de sir Walter, en la que se le permitió entrar. La celda era de un espacio muy reducido, pero a sir Raleigh no pareció importarle, y le dio una calurosa bienvenida. John sintió afinidad con sir Walter, ambos se hicieron amigos en seguida y pasaron muchas horas en mutua compañía comentando el futuro de Inglaterra. Sir Walter creía que todo se reducía a si Inglaterra estaba dispuesta a colonizar el Nuevo Mundo. Los españoles y los portugueses se habían forjado colonias en América del Sur y América Central. Los españoles también habían establecido puestos avanzados en Florida, en el continente de América del Norte y los franceses estaban ocupados reclamando territorio en el norte del continente. Según sir Walter Raleigh era imperativo que los ingleses reclamaran el territorio entre estas dos potencias, y elevaran a Inglaterra al rango de importante potencia en el mundo conocido. John asintió mientras escuchaba.

—He oído que la Compañía Virginia de Londres planea fundar una colonia en la bahía de Chesapeake en Virginia —dijo sir Walter.

—Eso es correcto —repuso John.

—Es una ubicación espléndida —siguió diciendo sir Walter.

Ahí es donde yo intenté establecer mi colonia, pero uno de mis capitanes desobedeció mis órdenes después de zarpar y dejar a los colonos en la isla Roanoke.

John asintió de nuevo; él conocía bien la historia. En 1585 sir Walter Raleigh había auspiciado una expedición para establecer una colonia en América del Norte. Ciento siete hombres zarparon y luego desembarcaron en la isla de Roanoke. Pero las cosas no fueron bien, y cuando sir Francis Drake pasó por allí con una flotilla de barcos, rescató a los sobrevivientes destartalados y los transportó de vuelta a Inglaterra.

Una segunda expedición de 150 colonos fue despachada para establecer una nueva colonia en la bahía de Chesapeake, que se estimaba una ubicación mucho más adecuada para una colonia. No obstante, el piloto español de la flota decidió que el año estaba demasiado avanzado para navegar hacia la bahía de Chesapeake, situada hacia el norte, y en vez de ello desembarcó a los colonos en la isla de Roanoke. Por desgracia, la contienda que libraba Inglaterra con España por esa época, había frenado el envío de barcos por el Atlántico para reabastecer a la colonia. Cuando un barco alcanzó por fin la isla de Roanoke en 1590, se halló que la colonia había sido abandonada. Los

habitantes de la colonia Roanoke habían desaparecido para no ser vistos nunca más. Su desaparición fue
un misterio que nadie ha logrado descifrar.

—Le deseo lo mejor en su empresa y que Dios la
lleve a buen término —dijo sir Walter cuando John
salía de su celda.

—Gracias —repuso John respetuosamente.

John y los tres capitanes se entregaron a hacer
preparativos y finalmente adquirieron tres barcos
aptos para navegar por el océano Atlántico. El primer navío que adquirieron, el *Susan Constant,* era
un barco de tres velas cuadrado relativamente nuevo, de cien toneladas. El capitán Newport declaró que
la nave era un buque insignia adecuado y asumió el
derecho de capitanearlo. La segunda nave que adquirieron los hombres fue la *Godspeed,* más antigua y la
mitad del tamaño de la *Susan Constant.* Por último,
la *Discovery,* pinaza o buque ligero de veintiún toneladas (nave pequeña de quilla plana usada normalmente como embarcación de apoyo para barcos más
grandes) fue adquirida y asignada al capitán Ratcliffe.

Una vez que los navíos estuvieron atracados en
el muelle de Londres, comenzó el trabajo de verdad.
John asumió el papel de supervisar el abastecimiento
de los barcos para el viaje. Inspeccionaba todo lo que
entraba a bordo, consciente de que los comerciantes a
veces intentaban suministrar artículos y provisiones
de inferior calidad a los barcos. Entre los alimentos
que se almacenaron había toneles de azúcar, ciruelas
pasas, pasas, especias y barriles de carne en adobo,
manteca salada, pescado y tocino ahumado. Debido
a que la harina solía estropearse durante la travesía,
se hacía provisión de arroz y harina de avena. También se almacenaban reservas de vino para el viaje,

así como agua, que solo debía usarse para beber y cocinar. Los baños tendrían que esperar hasta que los barcos alcanzaran las costas de ultramar.

Mientras tanto, los inversores de la Compañía Virginia de Londres reclutaron otros hombres que se sumaron a la expedición. Entre ellos se hallaban Edward-Maria Wingfield, noble caballero inversor en la compañía, que a John le pareció torpe de entendimiento y falto de coordinación y George Percy, hermano menor del conde de Northumberland. El conde manifestó que esperaba que un viaje largo curara a George de los vicios de la bebida y el juego. Para ayudar a George y a los otros colonos a cubrir sus necesidades espirituales, la compañía nombró capellanes al reverendo Robert Hunt, y Gabriel Archer, hijo de un barón.[2]

A medida que John fue conociendo uno por uno a los hombres, empezó a cuestionarse cómo podrían formar un equipo. Ninguno de ellos tenía idea clara de lo que les esperaba en América, y John sabía que sus vidas dependían de cuán rápida y eficazmente pudieran compenetrarse. Otros hombres, pero ninguna mujer, fueron añadidos al grupo expedicionario, lo que mitigó algunos temores de John y elevó el promedio de varones con competencias laborales a la mitad del número total de hombres en el grupo. Entre ellos había albañiles, carpinteros, canteros, cirujanos, un percusionista y cuatro niños aventureros.

Para cuando los tres barcos estuvieron listos para levar anclas e izar velas, un grupo expedicionario de 105 personas habían firmado y estaban dispuestas a arriesgar sus vidas ante la posibilidad

---

2   Barón: Persona con un título nobiliario que en España y en otros países es inmediatamente inferior al de vizconde.

de colonizar territorio extranjero para Inglaterra y el
protestantismo.

El día de Año Nuevo de 1607 todos los miembros
de la Compañía Virginia de Londres se reunieron en
la abadía de Westminster para comulgar y escuchar
tres sermones, uno de ellos predicado por el reverendo Hunt, capellán de la expedición. Después del servicio religioso, los que iban a partir para América del
Norte se encaminaron hacia el muelle de Blackwall,
en el río Támesis, donde les esperaban los tres barcos cargados. Se pronunciaron discursos y se entregó
ceremoniosamente una caja sellada a cada capitán.
Cada caja contenía un juego idéntico de documentos
que especificaban lo que se debía de hacer una vez
que el grupo expedicionario tocara tierra, cuál debía
ser su misión en el nuevo mundo, y lo más importante, los siete hombres que la directiva de la Compañía
Virginia de Londres había nombrado para gobernar
la nueva colonia. Tal información debía mantenerse
en secreto hasta que el grupo pusiera pie en América
del Norte. John asumió que esto se hacía así para que
nadie intentara socavar la autoridad de los capitanes
mientras estaban a bordo. Esperaba que aquel esme-
rado plan diera buen resultado.

Súbitamente, el estruendo de un trueno conmovió el ambiente, el capitán Newport abrevió los discursos, ordenó a las tripulaciones subir a cubierta,
y a los pasajeros subir a bordo.

John fue destinado a viajar en el *Susan Constant*, como también los miembros del grupo de más
alto rango, con excepción de los otros dos capitanes.
Los tres capitanes ordenaron desplegar las velas y
sin más demora, zarparon hacia las costas de América del Norte. Por supuesto, tuvieron que acordar el

orden a seguir por el curso del río Támesis y la costa de Inglaterra hasta adentrarse en alta mar, en aguas del océano Atlántico.

Al día siguiente, 2 de enero de 1607, cumpleaños de John Smith, los barcos pasaron por la desembocadura del río Támesis, frente a una fuerte tormenta. Intentaron avanzar, pero a pesar del esfuerzo de los capitanes y la tripulación, el intento resulto infructuoso. El viento y las olas zarandearon a los barcos, amargando la vida a todos los que iban a bordo. Finalmente, el capitán Newport dio la orden a los barcos de buscar refugio y anclar en una zona conocida como los Downs, justo enfrente de la costa de Kent. Durante un mes permanecieron allí, frente a la costa inglesa, esperando un cambio del tiempo.

Fue un tiempo de prueba para todos los viajeros. Los barcos siguieron balanceándose mientras estaban fondeados,[3] haciendo que muchos se sintieran mareados, entre ellos el reverendo Hunt, quien parecía tan indispuesto que John temió incluso por su vida. El espacio cerrado del barco no ayudaba en absoluto, y a menudo se crispaban los nervios y se desbordaban en discusiones y peleas que otros miembros de la expedición tenían que disolver. John se vio enzarzado en una de esas disputas.

Edward-Maria Wingfield era un inversor de fletamento en la Compañía Virginia de Londres. Su padre había sido ahijado por la reina Mary. Wingfield viajaba rumbo a Virginia a bordo del *Susan Constant* con dos criados. Se presentaba ante la gente como demasiado confiado y pomposo con una idea inflada de su

---

3 Fondeados: Proviene de fondear. Dicho de una embarcación o de cualquier otro cuerpo flotante: Asegurarse por medio de anclas que se agarren al fondo de las aguas o de grandes pesos que descansen en él.

posición y su superioridad. De hecho, su comportamiento irritó especialmente a John, que no era una persona con mucho miramiento a la posición social de nadie. Después que los barcos estuvieron fondeados una semana, Wingfield se impacientó y empezó a agitar los ánimos a fin de volver a la comodidad del hogar y esperar que el tiempo mejorara. Otros caballeros aventureros y adinerados a bordo se pusieron de su lado y empezaron a presionar al capitán Newport para que diera la orden de regresar a casa. Su actitud enfureció a John, quien se preguntaba por qué se habían hecho a la mar en un viaje de esas características si querían dar la vuelta y volver a casa cuando las cosas se complicaban un poco.

John manifestó su sentir en términos muy claros y observó perplejo cuando Wingfield palideció de ira al ver que un plebeyo se dirigía a él de manera tan directa. La atmósfera a bordo del *Susan Constant* se hizo más tensa hasta que el reverendo Hunt, aún mareado, descendió de su litera y zanjó el asunto, tomando el partido de John en la discusión. A pesar de haber estado mareado varios días, el reverendo Hunt dijo a Wingfield y a los otros caballeros aventureros que no adoptaba, ni por un minuto la idea de volver a puerto después de haber zarpado rumbo a Virginia, aunque dos semanas después de hacerse a la mar aún se divisaran claramente desde la costa de Inglaterra.

John agradeció al reverendo Hunt que hubiera tomado partido por él, aunque estaba seguro de haberse convertido en enemigo de Wingfield y los otros hombres ricos y poderosos que viajaban en el barco. No pasaría mucho tiempo hasta que esos nuevos enemigos se esforzaran por vengarse de él.

Después que los barcos estuvieran fondeados en los Downs seis largas semanas, el viento les fue finalmente favorable, levaron anclas e izaron una vez más las velas. No mucho después, dejaron atrás el canal de la Mancha y se deslizaron por las aguas profundas del océano Atlántico. Pero las seis semanas que estuvieran fondeados hicieron que John albergara serias dudas acerca del futuro. Después de evaluar a sus compañeros colonos, se preguntó si llegarían siquiera al nuevo mundo, y si serían capaces de establecer juntamente un puesto avanzado una vez alcanzado su destino.

Capítulo 9

El largo viaje

Una vez en el océano Atlántico, el capitán Newport guió los navíos en dirección suroeste hacia las costas de Francia y España. Dos semanas después de zarpar de los Downs, llegaron a las islas Canarias, situadas al oeste de las costas del norte de África. Allí se detuvieron y se aprovisionaron de más agua para el viaje. Al enfilar hacia el sur dejaron atrás el frío del norte de Europa y disfrutaron de la suave brisa tropical. John, como la mayoría de los que iban a bordo, pasaba la mayor parte del tiempo en cubierta, disfrutando del sol, pero ese privilegio le fue pronto arrebatado.

Al zarpar de las islas Canarias, el capitán Newport aprovechó el viento predominante del este, de modo que los barcos se deslizaron raudos a través del océano Atlántico.

Aunque las condiciones de navegación eran agradables para el *Susan Constant*, no puede decirse otro

tanto de las relaciones a bordo. La animosidad que
había surgido entre John y Edward-Maria Wingfield
se enconó tres días después de que los barcos aban-
donaran las islas Canarias. Los dos hombres discutían constantemente, y parecía que la ira de Wingfield
aumentaba en cada intercambio. John sabía exactamente qué era lo que le enfurecía. Era su negativa a
presentarle el respeto que él esperaba como correspondía a su posición social. Pero John no podía evi-
tarlo. Creía que lo que aconsejaba presentar respetos
a un hombre eran las destrezas prácticas que él de-
mostrara, no su estrato social de origen. Wingfield
podía considerarse de alta posición social en razón a
su nacimiento, pero por lo que concernía a John, el
hombre era un payaso engreído, y John no lo tolera-
ba fácilmente.

John descubrió que para vengarse de él, Wingfield
y algunos otros hombres de alta posición social habían
estado hostigando al capitán contándole historias de
que él estaba conspirando una insurrección para hacerse con el control del barco. Finalmente el capitán
Newport cedió a sus alegatos e hizo que John fuera
arrestado y confinado bajo cubierta. John sintió enfado
y frustración, pero por el momento no pudo hacer nada
al respecto. Bajo cubierta, John derramó sus frustra-
ciones escribiendo notas y un diario que perfilaba sus
quejas contra los que iban a bordo del *Susan Constant*
y observaciones acerca del progreso que experimentaba
la expedición. Se preguntaba cómo podrían sobrevivir
los hombres en Virginia, habiendo tantos a bordo que
actuaban como niños mimados.

La dieta de la travesía por el océano Atlántico
fue una monótona mezcla de galletas náuticas,[1] sal,

---

1   Galletas náuticas: también llamadas galletas marineras. Masa dura
hecha de harina, agua y sal, seca y crujiente que tiene larga durabilidad.

cerdo y cerveza suave. Aunque John estuviera bajo arresto, se había encontrado en peores situaciones, y animaba a la gente a dedicar más tiempo al trabajo y menos tiempo a quejarse en torno a la mesa de la comida. Aunque su consejo fuera bueno para el éxito a largo plazo de la expedición, solo sirvió para crearse más enemigos.

Finalmente, un mes después de zarpar de las islas Canarias, los barcos alcanzaron las islas del Caribe. La primera isla que avistaron fue Martinica, que pasaron de largo. Al día siguiente echaron anclas frente a la isla de Dominica. En ella se reabastecieron de agua y alimentos para los tres barcos y siguieron su ruta. John, a quien ya se le permitía subir a cubierta durante el día, tuvo que contentarse con divisar las islas desde la toldilla[2] de popa del *Susan Constant*, aunque deseaba bajar a tierra y explorar, como muchos otros hacían.

Desde Dominica los barcos navegaron hacia el norte superando las islas de María Galante y Guadalupe, hasta llegar a la isla de Nevis. En Nevis, todo el mundo bajó a tierra, John incluido. John se alegró mucho de volver a poner pie en tierra. Una vez que todos se congregaron en la playa, el grupo se dirigió tierra adentro. Tuvieron que abrirse paso por entre la maleza de la densa jungla con espadas y hachas. A medida que avanzaban, varios hombres se mantuvieron vigilantes con mosquetes, listos para repeler cualquier ataque de los nativos. Los caribe eran una feroz tribu india que habitaba al otro lado de la isla. No hubo ataques y después de adentrarse en la isla por más de kilómetro y medio, los hombres llegaron

---

2 Toldilla: Cubierta parcial que tienen algunos buques a la altura de la borda, desde el palo mesana al coronamiento de popa.

a un valle por el que discurría un arroyo de aguas cristalinas. Los hombres se despojaron de su ropa y se bañaron. Tres meses de mugre y suciedad se alejaron y John disfrutó muchísimo de aquel baño.

Una vez limpios, el grupo se dirigió de nuevo a la playa. No obstante, por el camino, estalló otra discusión entre John y Edward-Maria Wingfield. Ésta se hizo tan violenta que cuando llegaron a la playa, Wingfield agarró una cuerda y quiso hacer colgar a John en aquel mismo lugar acusándolo de traidor. Afortunadamente, prevalecieron cabezas más serenas y John no fue ahorcado. Pero fue conducido al *Susan Constant,* y una vez más, encarcelado.

Los barcos fondearon frente a la isla de Nevis por seis días para que la tripulación pudiera descansar antes de volver a navegar. Mientras estaban allí fondeados, un grupo de hombres atraparon una tortuga de 127 kilos, que fue cocinada y servida a bordo del *Susan Constant*. Pero cuando alguien mató una iguana gigante que deambulaba por la isla, la tripulación trazó una línea y se negó a cocinarla y servirla. John admitió que la tortuga sabía mejor de lo que él esperaba, y le hubiera gustado probar la iguana.

Desde Nevis navegaron en dirección noroeste, más allá de St. Croix, Vieques y Puerto Rico, hasta llegar a la isla de Mona, situada entre Puerto Rico y La Española.

En Mona, los barcos consiguieron más agua potable y un grupo de caballeros aventureros se dirigieron hacia el interior en una expedición de caza. John les vio salir, y deseó ser libre para poder acompañarles. ¡Cómo deseó pisar de nuevo tierra, armado con mosquete y acechar presas! Pero, cuando los desaliñados miembros del grupo de cazadores aparecieron

finalmente en la playa horas más tarde, John se alegró de no haber ido con ellos. Les escuchó contar lo
que les había sucedido. Al parecer, habían calculado
mal el efecto del calor tropical sobre la dura caminata
de casi diez kilómetros hacia el interior, pues no llevaron agua consigo. Además, no había agua para beber
por el camino. En consecuencia, los hombres se des-
hidrataron. A la larga, uno de ellos, Edward Brookes,
se desplomó junto a la senda de caza. Los hombres
no pudieron hacer nada por él, y falleció en seguida.
El resto de ellos se sintieron bastante débiles y des-
hidratados como para tener fuerzas para enterrar el
cuerpo de Edwards, de modo que le abandonaron en
el mismo sitio en que cayó. Edwards Brookes fue la
primera víctima mortal de la expedición.

Después que el grupo de cazadores bebiera bastantes litros de agua para recuperar sus fuerzas, los
barcos reanudaron su navegación. Se detuvieron
brevemente en la cercana isla de Monito, la última
isla caribeña que visitaron. El 10 de abril de 1607,
levaron anclas hacia Virginia, en dirección norte.

El ánimo de los viajeros se fortaleció cuando iniciaron la última etapa de su viaje. El largo trecho a
través del océano Atlántico quedó atrás, después de
reabastecerse de agua y alimentos de isla en isla a
lo largo de la ruta por el mar Caribe. Por fin el largo
viaje tocaba a su fin.

Cuatro días después de zarpar para cubrir la última etapa del viaje, comenzó a formarse una tormenta mientras los barcos navegaban frente a las costas
de Florida. El capitán Newport trató de esquivarla,
pero la suerte no estuvo con él. John vio cómo se
formaban negros nubarrones en el horizonte. Las cosas ofrecían un aspecto cada vez más lúgubre cada

minuto que pasaba hasta que a media tarde se hizo
tan oscuro como el crepúsculo en torno a los barcos.
En la semana siguiente una fuerte tormenta sacudió
el mar, azotó los barcos y los alejó. Olas enormes saltaron sobre las cubiertas de las tres naves, arreba-
tando equipos valiosos y depósitos almacenados. La
mayor parte de los hombres sufrieron grandes mareos, pero no John Smith. Como resultado de ello,
John fue forzado a ayudar al capitán Newport en la
navegación del *Susan Constant*.

Después de una semana, la tormenta por fin
amainó. John observó con impaciencia cuando el capitán Newport hizo sondeos para determinar la profundidad del agua que tenían debajo. La noticia fue
desalentadora: superaba las cien brazas.[3] La única
conclusión que el capitán pudo extraer de esa lectura
de profundidad fue que la tormenta había empujado
los barcos mar adentro más de lo que había esperado.
Viéndose incapaz de determinar su posición exacta,
el capitán Newport ordenó a los tres barcos que se di-
rigieran en dirección noroeste. Explicó que al navegar
en esa dirección finalmente se toparían con la costa
de América del Norte. Y una vez que determinaran su
posición en relación con la costa, podrían dirigirse
hacia el norte o al sur de la bahía Chesapeake.

Por tres días los barcos apuntaron en dirección
noroeste, pero como los hombres no divisaran aún
la costa, el capitán Newport llamó a los capitanes de
las otras dos naves a una reunión a bordo del *Susan
Constant* para decidir qué debían hacer. En la reunión, John Ratcliffe, capitán del *Discovery*, argumentó que debían regresar a Inglaterra, donde podrían

---

3 Brazas: Unidad de medida de profundidad usada en cartografía marina, equivalente a 1,829 m.

reabastecerse para volver a iniciar el viaje a Virginia. Varios exploradores a bordo del *Susan Constant* estuvieron de acuerdo con esta postura, pero el capitán Newport no estaba seguro de que esa fuera la forma de proceder más prudente.

Otros caballeros defendieron seguir adelante hasta el final, como John Smith. John razonó que si los barcos regresaban a Inglaterra, muchos de los que iban a bordo desertarían de la expedición. Entonces habría que reclutar más colonos y posponer el viaje por algún tiempo. Además, no haría ninguna gracia a los inversores ingleses si los hombres se rendían sin esforzarse un poco más por alcanzar la costa de América del Norte. Y no solo eso, algunos de los inversores podrían decidir retirar su dinero de la Compañía Virginia de Londres. El único curso de acción era seguir adelante. Para remachar su postura John acabó diciendo:

—Los que quieran volverse ahora son unos cobardes. Por eso, incluso los eunucos que encontré en el imperio otomano eran más hombres que ustedes.

Este fue un comentario destinado a conmover y mofarse de los que habían defendido darse la vuelta, y ese fue exactamente el efecto que produjo. Después de sopesar el asunto, el capitán Newport resolvió que debían continuar buscando la costa de América del Norte. No obstante, muchos de los caballeros exploradores del *Susan Constant* se ofendieron por los comentarios de John y el capitán Ratcliffe se retiró del barco y volvió a su navío.

Por la mañana los barcos reanudaron su viaje, en esta ocasión navegando directamente hacia el oeste. Pero en seguida fueron alcanzados por otra feroz tormenta. Afortunadamente, ésta solo duró un día y en vez de dejar las velas izadas, el capitán Newport decidió recogerlas y dejar las naves a la deriva. Esa noche John se acostó en su hamaca sin saber qué le depararía el día siguiente.

El día siguiente, 26 de abril de 1607 por la mañana, John se despertó al oír los gritos de un vigía que vociferaba «¡tierra a la vista!».

John saltó de la hamaca y subió a cubierta. El capitán Newport había escalado la arboladura[4] para comprobarlo mientras un grupo se reunía junto a la baranda. Con el sol matutino en la espalda John se asomó en la distancia. Y efectivamente, divisó tierra en el horizonte. Ciento dieciséis días después de zarpar de Londres, los barcos alcanzaron por fin la costa de América del Norte.

—Es una península con un extenso bosque —oyó John decir al capitán Newport desde su punto privilegiado de observación en lo alto del mástil.

Todos los de a bordo vitorearon y por un momento todas las diferencias entre los miembros de la expedición se disiparon. Habían llegado a América del Norte. Había llegado el momento de edificar juntos una colonia.

Resultó que la tierra que habían avistado era la costa de Virginia. Poco después los tres barcos navegaron hacia la bahía de Chesapeake, donde echaron anclas en un lugar que llamaron cabo Henry, en honor a uno de los hijos del rey James.

—Han escogido un grupo de desembarque y tú no estás en él —informó a John uno de los

4   Arboladura: Conjunto de árboles y vergas de un buque.

grumetes[5] tan pronto como las velas del *Susan Constant* fueron recogidas.

John gruñó. No le sorprendió. La emoción de avistar tierra se había enfriado rápidamente, y los caballeros exploradores decidieron mantenerle arrestado en el barco. Y aunque su decisión le decepcionó, John decidió esperar. Estaba seguro de que antes o después necesitarían de su experiencia y le permitirían salir.

Se bajaron lanchas al agua y treinta hombres se subieron en ellas y empezaron a remar hasta la orilla. John se sumó a los que estaban en cubierta, y esperó para ver qué sucedía cuando el grupo desembarcara. Los hombres junto a él opinaban de distinta manera. Uno sugirió que los indios atacarían a los hombres tan pronto como pusieran pie en tierra. Otro pensaba que los nativos les darían una cordial bienvenida y les conducirían a una ciudad de oro, de manera semejante a las ciudades aztecas de México que habían acogido a los primeros exploradores españoles con tanto oro. Otro hombre pensó que animales salvajes, nunca vistos, atacarían al grupo. Nadie sabía a ciencia cierta lo que iba a suceder. Pero resultó que ninguno de esos escenarios se cumplió.

Cuando llegaron a la orilla, los hombres que componían el grupo de desembarque vararon las lanchas, recogieron los remos y volvieron la vista atrás para saludar a los que quedaban en los barcos. Acto seguido John reconoció la silueta del reverendo Hunt elevando una oración por el grupo. Sin duda, el reverendo Hunt daba gracias a Dios por haber alcanzado Virginia con la única pérdida de una vida por el camino.

---

5   Grumete: Muchacho que aprende el oficio de marinero ayudando a la tripulación en sus faenas.

Terminada la oración, los hombres desaparecieron en el tupido bosque que llegaba casi hasta el borde del agua. Todos los que permanecían en el *Susan Constant* se calmaron en espera de su reaparición. Cuando los hombres salieron del bosque varias horas después, corrieron hacia la playa.

John enfocó la vista y miró hacia la orilla. Adivinó que volaban flechas sobre las cabezas de los hombres mientras echaban las lanchas al agua y saltaban a ellas. El capitán Newport y algunos hombres apuntaron sus mosquetes y dispararon hacia el bosque. Luego John captó otra oleada de flechas y oyó gritos desde la lancha más cercana a la orilla.

John observó atentamente cuando las lanchas regresaban a los barcos y ayudó a los miembros del grupo de desembarque a subir por ambos costados. Dos hombres, Gabriel Archer y Mathew Morton, resultaron heridos en el ataque llevado a cabo por un pequeño grupo de indios. Gabriel había resultado herido en sus dos manos, mientras que Mathew tenía una flecha clavada en la ingle. Los médicos del barco aclararon un espacio en cubierta para atender a los dos heridos, a quienes se ofreció unos tragos de whisky para tranquilizarles antes de retirarles las flechas y limpiarles las heridas.

Cuando se puso el sol sobre la bahía de Chesapeake, se apostaron vigías en cada barco para evitar que se acercaran canoas indias.

La actitud pesimista de los colonos cambió cuando el capitán Newport se paseó por cubierta con la caja metálica sellada que contenía las instrucciones de la Compañía Virginia para saber qué hacer cuando los barcos alcanzaran su destino. El capitán indicó a los otros barcos que enviaran tantos hombres como pudieran y no mucho después se juntó un gran grupo en la cubierta del *Susan Constant*.Todos los ojos estaban pendientes del capitán Newport cuando éste rompió el sello de la caja y sacó varios documentos. El capitán escrutó rápidamente los papeles y empezó a leer en voz alta.

JAMES, por la gracia de Dios, rey de Inglaterra, Escocia, Francia e Irlanda, defensor de la fe, ...haced, pues, por nosotros, nuestros herederos y sucesores, CONCEDE y otorga a los mencionados sir Thomas Gates, sir George Somers, Richard Hackluyt y Edward-Maria Wingfield, aventureros de y para nuestra ciudad de Londres, y a todos aquellos que unen o se unirán a ellos en esa colonia, llamada primera colonia; y sembrarán e iniciarán la primera plantación y habitación, en cualquier lugar de la mencionada costa de Virginia o América, donde ellos crean más conveniente, entre los cuatro y treinta y uno y cuarenta grados de dicha latitud; y poseerán todas las tierras, bosques, suelos, terrenos, refugios, puertos, ríos, minas, minerales, marismas, aguas, pesca, productos y bienes, cualesquiera que sean, desde dicho primer asiento de la plantación y habitación por un espacio de 50 millas de medida conforme a la legislación inglesa, a lo largo de la costa de Virginia y América, hacia el Oeste y el Suroeste, según el trazado de la costa, con todas las islas situadas hasta cien millas de la costa: ...y habitarán y podrán habitar y permanecer allí; y podrán edificar y fortificar dentro de ese espacio, para su mayor seguridad y defensa, según su mejor discreción y la discreción del Consejo de la colonia; y a ningún otro de nuestros súbditos se permitirá o tolerará, plantará o habitará detrás de ellos, hacia el interior, sin el permiso expreso o consentimiento del Consejo de esa colonia, obtenido previamente por escrito.

Un documento separado nombraba los siete hombres que habían sido señalados para el consejo por la Compañía Virginia de Londres para hacerse cargo de la dirección de la nueva colonia. Los primeros tres nombres de la lista eran previsibles: el capitán Newport, el capitán Bartholomew Gosnold y el capitán John Ratcliffe. Estos tres nombres iban seguidos por otros tres del más alto rango social de la expedición: George Kendall, John Martin y el mayor inversor de la Compañía Virginia Edward-Maria Wingfield. Esto daba cabida a otro miembro del consejo, y todos se quedaron boquiabiertos cuando el capitán Newport leyó en voz alta el nombre de John Smith.

John resistió esbozar una sonrisa, aunque nada le hubiera gustado tanto como reírse a carcajadas.

Muchos de los caballeros exploradores a bordo se habían burlado de él durante buena parte del viaje, pero ahora era nombrado uno de los siete líderes de la colonia.

El capitán Newport no hizo ningún comentario. Se limitó a leer las instrucciones de la Compañía Virginia de Londres. Las instrucciones incluían asuntos concretos como qué tener en cuenta a la hora de escoger un asentamiento para que no se malgastara tiempo en descargar los barcos y después tener que trasladarlo todo a otro lugar. El emplazamiento que escogieran tendría que estar al menos quince kilómetros río arriba para no ser vulnerables al ataque de los españoles. Las instrucciones también permitían a los colonos retener el *Discovery*, o sea, el barco más pequeño con ellos, mientras las otras dos naves regresaban a Inglaterra transportando un

cargamento de algún producto comercial que hallaran en Virginia. La compañía esperaba que el cargamento fuera de oro y piedras preciosas. Además, los
colonos tenían que formar de inmediato un grupo de
cuarenta hombres para descubrir el océano Pacífico,
ya que el sentido común reinante aseguraba que el
continente de América del Norte probablemente no
tenía más de doscientos kilómetros de ancho.

Al mismo tiempo, las instrucciones advertían a los
colonos que fueran cautos y no ofendieran a los nativos. Al contrario, debían comerciar con ellos para,
en última instancia, ganarlos para el cristianismo.

La última instrucción especificaba que nadie podía abandonar la colonia sin el permiso de su presidente y del consejo, y que todo el correo se leyera
antes de ser enviado a Inglaterra para asegurarse de
que no se enviaban informes negativos a la metrópoli. El público inglés no debía desanimarse tocante al
progreso de la colonia en Virginia.

John no durmió mucho aquella noche. Las preguntas se arremolinaban en su cabeza. ¿Se habían
asustado los indios por los disparos de mosquete
cuando atacaron al grupo de desembarque, o se habían envalentonado al conseguir dar en el blanco de
dos colonos con sus flechas con puntas de pedernal?
¿Sobreviviría la nueva colonia? ¿Desaparecerían los
colonos sin dejar rastro como los colonos de la isla
Roanoke diecisiete años antes? ¿Serían masacrados
antes de establecerse en la nueva colonia y sus cuerpos esparcidos como advertencia para futuros colonos ingleses? Y si ninguna de estas cosas sucedían y
no eran acosados por los indios, ¿serían los colonos
capaces de colaborar lo suficiente unos con otros para
edificar un fuerte y sustentarse a tantos kilómetros

de Inglaterra? John volcó entonces su pensamiento en otro asunto: ¿Le sería permitido ocupar el lugar que le correspondía en el consejo de gobierno, o algún otro miembro del mismo encontraría la forma de mantenerlo al margen? Él sabía que estas preguntas no tenían respuesta inmediata. Solo sabía que todos tendrían que esperar para ver qué sucedía.

A la mañana siguiente resultó obvio que los otros seis miembros del consejo se habían reunido sin John y tomado algunas decisiones. Habían elegido a Edward-Maria Wingfield como presidente y éste había recordado inmediatamente a los colonos que tenían que buscar un sitio para el nuevo asentamiento y al mismo tiempo iniciar la búsqueda del océano Pacífico y tantos tesoros como pudieran encontrar. La Compañía Virginia de Londres era una aventura comercial, y los que habían invertido en ella querían obtener beneficios inmediatos de su inversión. Para ayudar en ese proceso, todos los hombres capaces fueron divididos en dos grupos. Veinticinco de ellos, incluidos los carpinteros, ensamblarían la chalupa, una barca de dos mástiles, con jarcias y aparejos diseñados para navegar por aguas poco profundas, que había sido almacenada por piezas sobre la cubierta del *Susan Constant*, mientras un segundo grupo de unos cincuenta hombres explorarían a pie tierra adentro.

Una vez más le fue ordenado a John quedarse en el *Susan Constant*, lo cual le frustró enormemente, ya que era uno de los mejores luchadores del grupo y sería muy necesario si el grupo era atacado por los indios.

Resulta que cuando el grupo de desembarque regresó a los barcos los hombres informaron que habían encontrado un fuego, en el que se estaban asando ostras, apresuradamente abandonado cuando oyeron acercarse a los ingleses. Eso fue lo más cerca que estuvo el grupo de tener un encuentro con la tribu local.

En las dos semanas siguientes, John se sintió cada vez más frustrado con su suerte. Grupos de hombres salían de los barcos cada mañana para explorar la costa y el interior de la bahía de Chesapeake, pero él no estaba entre ellos. Y aunque él debía de estar entre los que tomaran decisiones en la nueva colonia, seguía bajo arresto. Cada noche los hombres que habían desembarcado volvían contando historias de aldeas indias que habían visto y bosques de pinos impolutos[6] por los que habían atravesado, en tanto que John no había visto nada.

El 13 de mayo de 1607, los seis hombres activos del consejo optaron por escoger un emplazamiento para la nueva comunidad. Estaría ubicado en una península pantanosa como a unos cincuenta kilómetros contracorriente del que llamarían río James en honor del rey James. Los hombres nombraron el asentamiento donde se iban a establecer Jamestown, también en honor del rey. El lugar reunía dos características principales que lo hacían recomendable. En primer lugar, era fácil de defender por tierra, ya que solo un estrecho brazo de tierra conectaba la península con el interior. Y en segundo lugar, el agua que rodeaba el lugar era profunda, creciendo árboles hasta el mismo borde del agua. Esto significaba que los barcos se podrían atar a los árboles y su descarga sería una tarea mucho más fácil.

Por fin, toda mano capaz fue necesaria para ayudar a establecer la nueva avanzadilla. John fue

---

6 Impolutos: Limpio, sin mancha.

liberado de su arresto para ayudar a descargar los barcos, desbrozar terreno y levantar tiendas. Mientras John ayudaba a descargar barriles de avena y toneles de azúcar de las bodegas de los barcos, tenía la cabeza ocupada dándole vueltas para hallar una manera de ganarse a los otros colonos y ocupar su lugar legítimo en el consejo.

Capítulo 10

Edificación de Jamestown

John dejó su hacha y se secó la frente. Era duro trabajo despejar suficiente terreno para construir veinte cabañas, y había estado talando árboles y cortando troncos toda la mañana. Al extender el brazo para beber una taza de agua, John detectó movimiento a su izquierda, entre la maleza. Tragó dos grandes sorbos de agua y puso a un lado la taza. Luego, fingiendo que iba a reanudar su trabajo, recogió el hacha. Entonces aparecieron dos indios. El pulso de John se aceleró cuando miró directamente al hombre que tenía delante. Era alto, con piel cobriza pintada y tintes rojos, azules y verdes. Tenía media cabeza afeitada, y el pelo de la otra mitad, atado en un nudo. Llevaba un taparrabos de piel.

John hizo lo que pudo por mostrarse amable y sin temor, aunque se sintió frustrado porque no tenía consigo más arma que el hacha. El presidente de la colonia Edward-Maria Wingfield había decretado que todas las armas y municiones se dejaran en sus cajones y que no se levantaran paredes ni defensas en torno al asentamiento. Él pensaba que esto demostraría a los indios que los colonos habían llegado en plan pacífico. Pero John pensó que se emitiría un mensaje bien distinto: que los colonos eran vulnerables y fáciles de atacar.

Al acercarse los dos indios, John intentó mantener la calma. Ambos hombres pusieron su arco y sus flechas por delante, lo que John interpretó como signo de que venían en son de paz. Y así fue. Mediante una serie de signos con la mano, John adivinó que eran mensajeros de un cacique poderoso que pronto haría una visita a los colonos.

Y efectivamente, al día siguiente más de cien indios, todos armados con arcos y flechas, descendieron a Jamestown. Con ellos estaba el jefe Wowinchopunck. Los indios formaron dos filas y el jefe señaló un ciervo que habían traído con ellos. El jefe pareció desear que los colonos lo cocinaran para celebrar una fiesta.

Los colonos ya habían aceptado cocinar todas sus comidas en una zona común marcada con piedras y una línea en el suelo para hacer un foso de fuego. Se encendió apresuradamente un fuego en el foso mientras se sazonaba el ciervo para ser asado. Mientras tanto, un incómodo silencio cayó sobre los indios y los colonos. Los dos grupos eran similares en número, pero los indios tenían la clara ventaja de disponer de armas. John se lamentó; odiaba encontrarse en una situación tan vulnerable, especialmente, por cuanto las cosas habrían podido ser diferentes si hubiera formado parte del consejo. No obstante, se dio cuenta de que era demasiado tarde para preocuparse. Tendría que esperar para ver cómo se desarrollaban los acontecimientos.

El sol ya había superado su cenit cuando el ciervo estuvo cocinado. La comida fue tensa, y todos sintieron alivio cuando el jefe Wowinchopunck indicó que era hora de marcharse. Cuando los indios salían del campamento, uno de ellos agarró un hacha y echó a correr. Un colono corrió tras él, le puso la zancadilla y le dio un puñetazo en la cara. El rostro del jefe Wowinchopunck se enfadó por el trato dispensado a uno de sus hombres e hizo una señal al resto para alejarse con premura.

A John le inquietó la visita del jefe Wowinchopunck, pero el presidente Wingfield mantuvo un estado de ánimo jovial, asegurando a los colonos que habían actuado correctamente por no haber hecho ninguna demostración de fuerza.

Después de la visita de los indios locales, todo el mundo tuvo mucho trabajo y muchas cosas que hacer. Una vez que los árboles fueron talados, los troncos cortados y los tocones arrancados del suelo, había llegado la hora de construir las estructuras que constituirían Jamestown. Los canteros, albañiles y carpinteros empezaron a edificar las cabañas que acogerían a los hombres. Las cabañas tenían techos de paja muy inclinados y consistían de dos habitaciones: un salón y un dormitorio suficientemente grande para acoger entre cuatro y seis hombres. La cabaña para los caballeros aventureros era un poco más grande y fue diseñada para alojar únicamente a dos hombres. Todas fueron erigidas mirando a una zona común donde estaba ubicado el fuego comunitario.

El trabajo en las cabañas progresó bien, y al acercarse a su culminación, los edificadores se centraron en la siguiente tarea —la construcción de los tres edificios comunitarios: una iglesia con una torre-campanario, un almacén para guardar las provisiones alimentarias y otros artículos y un arsenal para almacenar los barriles de pólvora y las cajas de mosquetes.

La iglesia fue adquiriendo forma, y los cimientos del almacén y el arsenal ya habían sido echados cuando el presidente Wingfield ordenó al capitán Newport escoger veintidós hombres para acompañarle en un viaje de exploración al interior que podría durar hasta dos meses. John quedó consternado por esta decisión, ya que reduciría la población de Jamestown casi en una cuarta parte, lo que haría que el asentamiento fuera vulnerable a un ataque. Pero Edward-Maria Wingfield estaba resuelto a descubrir el océano Pacífico, oro y piedras preciosas, esperando encontrar las tres cosas si era posible.

La única buena noticia por lo que respecta a John fue que el capitán Newport le escogió para llevar a cabo la expedición al interior, junto con otros cuatro colonos: Gabriel Archer para llevar un diario; Thomas Wotton, uno de los dos médicos del campamento; George Percy; y John Brookes. Los otros diecisiete miembros del grupo eran todos marineros de las tres embarcaciones. A John le preocupaban los hombres que se iban a quedar en Jamestown. Se dio cuenta que el capitán Newport había escogido a los trabajadores más esforzados para que le acompañaran, pero, al parecer, ninguno se había fijado en ese detalle.

Los veintitrés hombres partieron hacia puntos desconocidos el 21 de mayo de 1607 a mediodía, en la chalupa.[1] Navegaron unos treinta kilómetros por el río James contracorriente y atracaron para pasar la noche. A la mañana siguiente dos canoas llenas de indios aparecieron en medio de la bruma. Los indios fueron amables y les indicaron gestualmente que había una cascada al final del río y después una gran cadena montañosa, y al otro lado un océano.

La noticia animó grandemente a los hombres del grupo expedicionario. Los hombres estaban convencidos de que llegarían al océano Pacífico en una semana. Las dos canoas remaron junto a la chalupa, río arriba. De vez en cuando los nativos gritaban saludos a alguien en la orilla.

Con el paso de los años, Peter Plancius en Ámsterdam, y Richard Hakluyty Henry Hudson en Londres habían dado a John indicaciones sobre cómo trazar un mapa preciso de la región. Una vez que los hombres recorrieron el río James, John hizo buen uso de los consejos recibidos, y dibujó un mapa del río y del paisaje adyacente sobre la marcha.

Después de una curva del río los indios gritaron y saludaron a más gente que estaba en la ribera, y en esta ocasión los ingleses fueron invitados a desembarcar.

Enclavada bajo algunos árboles junto a la ribera había una pequeña aldea india. Los vecinos de la aldea recibieron calurosamente a los veintitrés ingleses. Extendieron esterillas en el suelo para que se sentaran y les prepararon comida. Les sirvieron pescado, venado y pan de maíz molido. También les

---

1   Chalupa: Embarcación pequeña, que suele tener cubierta y dos palos para velas.

agasajaron con nueces y frutas del bosque. John reconoció la mayor parte de aquellas frutas —fresas, moras y frambuesas—, que también crecían en Europa. También les ofrecieron unos arándanos extraños que ninguno de ellos había visto antes. Cuidadosamente John se llevó varios a la boca y los probó. Le gustó su sabor. Los arándanos tenían un sabor suave, dulce, muy agradable y John en seguida extendió la mano para comer más.

Mientras lo hacía, vio en torno suyo las cabañas que componían la aldea. Casi todas eran iguales. Las paredes estaban hechas de cañas cubiertas de corteza de árbol y los tejados redondos estaban hechos de paja. Las cabañas tenían puertas, pero no ventanas, y la apertura de las puertas estaban cubiertas con felpudos. Varias viviendas tenían también estructuras como cadalsos, erigidas por fuera, sobre las que se habían extendido alfombras para formar una especie de barandilla.

Cuando los ingleses hubieron comido hasta saciarse, los aldeanos se levantaron y les entretuvieron con una danza. Un individuo se puso en medio del círculo de hombres y empezó a dar palmadas. El resto de ellos empezaron a mover los pies al compás y danzaron en torno al hombre que aplaudía. Los indios se habían pintado el cuerpo con tintes de colores brillantes, y tenían el pelo según la moda singular de los dos mensajeros que John había visto en el asentamiento dos semanas antes. Los indios ofrecían un espectáculo impresionante mientras danzaban. John quedó fascinado por la escena que presenciaba y observó con atención. Notó que mientras los hombres movían sus pies al unísono, los gestos que hacían con los brazos y los rostros eran todos distintos, lo mismo que sus expresiones a través de la danza. Ésta duró más de media hora, y John se admiró de la resistencia de los indios y de su capacidad para danzar enérgicamente por tan largo rato.

Llegó la hora en que el grupo expedicionario había de volver en la chalupa para seguir explorando río arriba. No obstante, antes de partir, el jefe de la aldea insistió en proporcionar a los colonos un guía llamado Nauiraus para continuar con su viaje. A John le encantó este desenlace, ya que le proporcionaba una gran oportunidad de aprender algunas palabras de Nauiraus en algonquino, pues ésta era la lengua que hablaban las tribus indias de la región.

El río James se fue estrechando a medida que los hombres ascendían por él, hasta llegar al pie de una cascada majestuosa. El capitán Newport decidió no buscar la manera de transportar la chalupa hasta lo alto de la catarata y presentar un informe de lo que hasta ese punto habían descubierto. Los hombres acamparon al pie de la cascada y celebraron un servicio religioso a la mañana siguiente, ya que era domingo de Pentecostés. Entonces, con gran pompa y ceremonia, el capitán Newport erigió una cruz de madera sencilla con la inscripción latina «Jacobus Rex [rey James] 1607». Luego hizo la proclamación de que Inglaterra reclamaba todas las tierras que se extendían desde allí hasta el océano Pacífico. Después de la ceremonia los hombres almorzaron e iniciaron el descenso río abajo en la chalupa.

En el viaje de regreso, Nauiraus siguió enseñando palabras algonquinas a John. Éste señalaba un objeto, y Nauiraus pronunciaba la palabra algonquina que lo nombraba. Luego John anotaba su pronunciación fonética en un cuaderno. En poco tiempo conoció bastantes palabras para pronunciar frases cortas y después frases sencillas en lengua algonquina. A medida que John pronunciaba palabras y frases ante Nauiraus, éste corregía su pronunciación y su sintaxis.

Los días discurrieron agradablemente, las tribus que los ingleses encontraron por el camino eran amistosas y estaban interesadas en intercambiar abalorios, espejos y otras baratijas por alimentos. No obstante, esto cambió un miércoles, 27 de mayo. John, quien ya entendía algo de algonquino fue el primero en darse cuenta. En vez de mostrarse amigables, los indios que remaban en sus canoas parecían ahora enfadados y antipáticos. Hasta que, finalmente, Nauiraus se inventó una excusa y se apartó prontamente de la compañía de los ingleses.

Los hombres se encontraban a solo varias horas de Jamestown, pero cada minuto parecía alargarse cuando John se cuestionó si los indios habían actuado contra Jamestown. En cada curva del río John temía lo que se podían encontrar cuando llegaran a casa.

Por fin, el río trazó su última curva, y Jamestown se hizo visible. Desde lejos, todo parecía normal, pero a medida que se fueron acercando, John inspeccionó la ribera del río. Primeramente vio a un muchacho adolescente tirado en el barro con una flecha clavada en la espalda. Después notó que la endeble cerca que rodeaba el asentamiento había sido abatida, y que había ropa y alimentos esparcidos por el suelo.

A John se le revolvió el estómago. ¿Habría supervivientes al ataque indio?

El jefe Powhatan

Con unos cuantos golpes de remo, la chalupa se deslizó hasta uno de los árboles que había en la orilla del río, y John, pistola en mano, saltó a tierra. Los otros hombres le siguieron mientras corría hacia el asentamiento. Al aproximarse a la primera cabaña, varios hombres salieron de ella.

—Ayer nos atacaron —gritó uno de los hombres— centenares de hombres. Si no hubiera sido por el capitán Gosnold, estaríamos todos muertos.

—¿Dónde está el presidente Wingfield? —preguntó John con pulso acelerado pensando en el ataque que habían sufrido hombres desarmados.

—En la última cabaña, con algunos de los heridos —respondió alguien.

John corrió hasta la última cabaña, donde encontró a varios hombres gimiendo a causa de diversas heridas de flecha.

—Hay otros siete en la cabaña de al lado, y dos hombres muertos —aseguró rotundamente el presidente Wingfield—. Fuimos desbordados, superados en número, el bosque está lleno de indios —añadió.

John asintió. Era un hecho que le había resultado obvio desde el momento en que los barcos echaron anclas en la bahía de Chesapeake. Pero tenía mejores cosas que hacer ahora que discutir con Edward-Maria Wingfield.

Todos estaban siendo atendidos, de manera que John salió de la cabaña y paseó por el campamento. A no ser por los gemidos distantes, Jamestown guardaba silencio. Los hombres que habían quedado ilesos daban la impresión de haber caído en trance. Al final, John se encontró con su amigo el reverendo Hunt y le pidió que le explicara exactamente lo que había sucedido.

El reverendo Hunt no tenía mucho que contar. Nadie había tenido tiempo de contar el número de soldados indios implicados en la incursión, pero él supuso que serían unos cuatrocientos. Los indios asaltaron el asentamiento derribando la cerca. Los colonos corrieron hacia el almacén recientemente terminado para resguardarse, ya que ninguno tenía pistolas. Afortunadamente, al capitán Gosnold se le ocurrió rápidamente la feliz idea de conducir secretamente un grupo de marineros fuera del asentamiento. Remaron hasta el *Discovery*, anclado frente a la costa y dispararon un cañonazo desde el barco contra la aldea, alcanzando una gran rama de árbol. Cuando la rama cayó al suelo, los guerreros indios se dieron media vuelta y huyeron, llevándose consigo a uno de ellos que había sido muerto por la espada de un colono. Desde entonces había reinado el silencio, pero como explicó el reverendo Hunt, nadie había tenido la osadía de salir de sus cabañas, ni siquiera para ir hasta el borde del agua y recuperar el cuerpo del muchacho muerto por una flecha.

John sacudió la cabeza cuando oyó lo que había sucedido.

—Puede que el cañonazo asustara a los indios por una vez, pero no podemos depender de eso cada vez que seamos atacados —dijo—. Es la clase de desvío por sorpresa que puede salir bien una vez o a lo sumo dos veces.

—Sí, lo sé —repuso el reverendo Hunt en voz baja—. La Providencia nos ha concedido una escapatoria estrecha, pero debemos buscar una mejor manera de defendernos.

Y esa pasó a ser la misión de John Smith. John había dicho siempre que los hombres debían estar armados en todo momento, y ahora todos estaban de acuerdo, excepto el presidente Wingfield, quien seguía pensando que era mejor permanecer indefensos y a merced de los indios.

Ignorando al presidente, John organizó a los hombres sanos para construir una fuerte empalizada en torno a la aldea. Al mismo tiempo, probó la habilidad de cada hombre para disparar con pistola y rifle. Para su sorpresa, descubrió que muchos de los hombres nunca habían tocado un arma. Dispuso que los hombres hicieran ejercicios cada mañana teniendo en cuenta los principios básicos de manejar, mantener y disparar un arma. Mientras esto tenía lugar, los indios siguieron atacando Jamestown, aunque en pequeñas incursiones. Un colono fue muerto, y un perro y varios hombres resultaron heridos en tales ataques.

Por ese tiempo John notó que él era a quien acudían los miembros de la comunidad de Jamestown en busca de consejo y protección. No se sorprendió cuando el 10 de junio de 1607, los hombres de la comunidad presionaron al consejo para que él ocupara su lugar en el equipo de liderazgo. Al parecer, el consejo y el presidente Wingfield se habían dado cuenta de la capacidad natural de John para dirigir porque, ese mismo día le hicieron jurar el cargo.

Cinco días después John descubrió una información importante acerca de los indios que les estaban atacando. Dos indios llegaron a Jamestown. En lengua algonquina exclamaron «¡wingapob!, ¡wingapob!», que significaba «¡amigos!, ¡amigos!». Los dos hombres fueron invitados a entrar en el asentamiento, y uno de ellos resultó ser Nauiraus, que había hecho de guía en el viaje por el río James. Nauiraus explicó qué tribus estaban atacando el campamento. Eran los paspahegh (que reclamaban la tierra sobre la que había sido edificada Jamestown), los weyanock, los appomattoc, los kiskiack, y los quiyoghannock. Pero Nauiraus dijo que no todas las tribus indias de la región estaban contra los ingleses. Dijo que los arrohattoc, los pamunkey, los mattaponi, y los youghtanund eran amigos suyos. Y estas tribus intentarían interceder ante las otras para que detuvieran sus ataques contra Jamestown.

Al escuchar lo que decía Nauiraus, comprendió inmediatamente la precariedad de la ubicación del asentamiento. Todas las tribus que Nauiraus había mencionado como enemigos suyos eran vecinos inmediatos, y los que declaraban ser amigos suyos vivían más lejos de Jamestown. John esperaba que esas tribus amigables tuvieran éxito en interceder

en su favor y detuvieran los constantes ataques a los
que estaba siendo sometida la comunidad.

Cuando acabó de supervisar a los hombres que
talaban robles, hayas[1] y pinos para edificar la empalizada que rodeaba a Jamestown, John, como miembro del consejo, tuvo que afrontar la inminente partida del *Susan Constant* y el *Godspeed*. Ambos barcos
debían zarpar para Inglaterra el 2 de junio. Los inversores de la Compañía Virginia habían dejado claro
desde el principio que ellos esperaban que los barcos
llegaran a Inglaterra con cargamentos de productos para que su venta pudiera cubrir los gastos de
la compañía y, por tanto, un holgado beneficio. Pero
como hasta la fecha no se había encontrado metales
ni piedras preciosas, el consejo tenía que pensar en
otros productos rentables que enviar a casa.

Para llenar las bodegas de los barcos, John visitó varias tribus amigables que Nauiraus le había
comentado y comerció con ellas, ofreciéndoles baratijas y hachas a cambio de pieles de castor y de zo-
rro. No era el tipo de cargamento con que volvían los
galeones españoles de México a España, pero todos
esperaban que sirviera para aplacar el ánimo de los
inversores ingleses.

El *Susan Constant* y el *Godspeed* zarparon en la
fecha señalada rumbo a Londres, habiendo prometido el capitán Newport hacer todo lo posible por retornar a Jamestown con suministros en noviembre. Eso
sería en veinte semanas, y cuando vieron los barcos

1   Hayas: Árbol de la familia de las fagáceas, que crece hasta 30 m de
altura, con tronco grueso, liso, de corteza gris y ramas muy altas, que
forman una copa redonda y espesa, hojas pecioladas, alternas, oblon-
gas, de punta aguda y borde dentellado, flores masculinas y femeninas
separadas, las primeras en amentos colgantes y las segundas en invo-
lucro hinchado hacia el medio, y madera de color blanco rojizo, ligera,
resistente y de espejuelos muy señalados, y cuyo fruto es el hayuco.

navegar por el río James, John intentó simpatizar con los entristecidos y temerosos colonos ante el panorama de quedarse solos. Pero por su parte, se alegraba en secreto de ver la partida de los barcos. Al menos ahora los colonos tendrían que esforzarse por estar estrechamente unidos para asegurar la supervivencia de la comunidad.

Esto es lo que John esperaba que sucediese, pero, en realidad, sucedió todo lo contrario. Pronto resultó obvio que los mejores trabajadores habían sido los marineros de los barcos, y una vez ausentes, la mayor parte de los hombres no se molestaba en trabajar. Había cultivos que cosechar y tejados que reparar, pero John se sentía incapaz de motivar a la gente a prestarle ayuda. Se sorprendía mucho de su conducta, particularmente, por cuanto el verano no duraría para siempre, y todos sabían que en invierno hacía frío y nevaba en Virginia. Para sobrevivir, el almacén tendría que estar abastecido de alimentos. Sin embargo, pese a que los depósitos iban menguando y hubo que racionar a menos de medio litro de cebada hervida y menos de un cuartillo[2] de trigo por persona y día, aún no se movilizaban para recoger suministros para el invierno.

John admitió que el letargo de los hombres podía deberse en parte al calor. Virginia en julio y agosto era más calurosa que cualquier día en Inglaterra, y los hombres sufrían insolaciones si permanecían al aire libre mucho tiempo. El calor también acarreó otros problemas, principalmente por lo que se refiere al suministro de agua. Cuando desembarcaron en la pequeña península donde se extendía Jamestown

---

2   Cuartillo: Medida de capacidad para áridos, cuarta parte de un celemín, equivalente a 1156 ml aproximadamente.

era primavera, el tiempo en el que el río James fluía caudaloso y profundo con las aguas generadas por el deshielo de la nieve de las montañas. Para mediados del verano, el caudal de río se había reducido notablemente, lo que permitía que el agua de las mareas penetrara más profundamente por el estuario del río. En consecuencia, el agua del río a su paso por Jamestown era salada, viscosa y lo bastante estancada como para criar mosquitos.

A principios de agosto, el agua turbia, la carencia de alimentos frescos y los mosquitos portadores de malaria comenzaron a pasar factura. El sexto día de ese mes murió un colono de disentería. Tres días después murió otro hombre, y poco después otro. Al cabo de poco se produjo una muerte por día. Los que no se vieron afectados por la disentería tuvieron que cuidar a los enfermos, enterrar a los muertos y montar guardia en la empalizada. Era todo lo que John podía hacer para mantenerles en sus puestos. Entonces, el propio John cayó enfermo con disentería y tuvo que guardar cama, ora consciente, ora inconsciente, ignorando totalmente que toda la colonia estaba al borde de su desintegración. Un grupo de niños indios con flechas les podrían haber aniquilado, pero afortunadamente, en ese tiempo no se produjo ningún ataque indio. De hecho, ocurrió justo lo contrario, ya que los indios comenzaron a llegar al campamento con maíz y venado para comerciar.

Llegó la noticia de que el capitán Bartholomew Gosnold había muerto el 22 de agosto y John recordó vagamente haber oído disparar un cañonazo en su honor. Afortunadamente, la disentería perdonó la vida a John, pero cuando éste volvió a ser consciente de lo que estaba sucediendo a su alrededor, cuarenta y un colonos, casi la mitad del grupo habían muerto de la enfermedad. El único miembro del grupo que no cayó enfermo fue el presidente Wingfield, y John descubrió por qué poco después. El presidente se permitía el lujo de entrar en el almacén y tomar huevos, carne de vacuno, avena y licor. Mientras el resto de los hombres padecían malnutrición, y morían, él se aseguraba la mejor comida para sí. Esto enfureció a John, quien formó una alianza con otros dos consejeros para que Wingfield fuera apartado de la presidencia de Jamestown.

Los ánimos se encendieron a medida que los colonos supervivientes culparon al presidente Wingfield de su sufrimiento. Nadie se sorprendió cuando John presentó a Wingfield una orden firmada destituyéndole de su función de liderazgo sobre la comunidad de Jamestown. En su lugar, el capitán John Ratcliffe fue nombrado nuevo presidente. Wingfield fue sometido a juicio por haber sustraído alimentos y fue declarado culpable por un jurado compuesto por doce miembros y encerrado a bordo del *Discovery* con George Kendall, quien también había desobedecido las normas de la colonia.

Como resultado de los hurtos del presidente, John se hizo cargo de vigilar el almacén y de hacer trueques con los indios. Esta era una tarea importante, tal vez la más importante de la colonia por ese tiempo, porque los indios dejaron de permutar[3] comida y los colonos solo contaban con suministros para tres semanas.

Aunque a nadie le gustara, todos estuvieron de acuerdo en que lo mejor sería que John liderara un

___

3   Permutar: Cambiar algo por otra cosa, sin que en el cambio entre dinero a no ser el necesario para igualar el valor de las cosas cambiadas y transfiriéndose los contratantes recíprocamente el dominio de ellas.

grupo de colonos para ir a visitar las aldeas indias amistosas cercanas y ver qué se podía intercambiar. Esto dejó solo treinta hombres en Jamestown para proteger la fortificación.

John se ausentó durante setenta y dos horas, y en ese tiempo se las arregló para engatusar a varias tribus para canjear bienes. Se llevó la chalupa y el *Discovery* río arriba y en seguida las dos embarcaciones se llenaron de maíz, fríjoles, pescado, ostras y venado. Al descender por el río, los hombres se detuvieron en un depósito de sal que John había divisado en una excursión anterior con el capitán Newport y sacó sal que se usaría para preservar los mariscos y la carne para sobrevivir durante el largo invierno que tenían por delante.

Bajo la dirección de John, los hombres hicieron una entrada triunfal en Jamestown. La provisión de alimentos les revitalizó a todos y los colonos se pusieron a trabajar para preparar el pequeño asentamiento para afrontar el invierno próximo.

Llegó el mes de noviembre, y con él las lluvias, pero sin rastro del capitán Newport ni barcos cargados con suministros. John escuchó rumores por el campamento de que algunos hombres esperaban regresar a Inglaterra en los barcos, e incluso volver a casa en el *Discovery*. Sin embargo, al final todo acabó en nada, y John empezó a planear un viaje distinto.

John era explorador de corazón, y como no había mucho que pudiera hacer durante los meses de invierno, resolvió proseguir su búsqueda del océano Pacífico. Había resuelto que sería inútil intentar escalar los saltos del río James, ya que sería casi imposible arrastrar la chalupa hasta lo alto. En vez de ello resolvió concentrarse en explorar el río Chickahominy, que afluía en el río James varios kilómetros antes, con la esperanza de que este río proporcionara una ruta más accesible hacia el oeste.

A principios de diciembre, John escogió a nueve colonos para que le acompañaran en el viaje. Los hombres subieron a bordo de la chalupa e izaron las velas de la embarcación. Navegaron bien los primeros sesenta y cinco kilómetros, hasta más allá de Apokant, la aldea más lejana río Chickahominy arriba. Una vez sobrepasada la aldea, el río se estrechaba y resultó evidente que no podrían seguir más allá con la chalupa. John dio la orden de hacer un giro y volver a Apokant, donde contrató a dos indios y su canoa para seguir más adelante.

La canoa solo tenía cabida para John y dos de sus hombres, así como para dos indios. John escogió a un carpintero llamado Thomas Emry y a un caballero aventurero llamado Jehu Robinson para acompañarle. Le preocupaban los siete hombres restantes y les ordenó que se quedaran en la chalupa sin importar qué pudiera ocurrir. Con un saludo final, John partió en la canoa.

Cuando los hombres habían remado unos cinco kilómetros río arriba, decidieron detenerse y cocinar su almuerzo. Mientras uno de los guías indios preparaba el fuego, John decidió explorar tierra adentro por uno o dos kilómetros. Se llevó al otro guía consigo, mientras Thomas y Jehu se quedaron en aquel lugar. John les advirtió a ambos que velaran con sus armas y que dispararan al aire al primer indicio de problemas para acudir presuroso en su ayuda.

John y el guía indio se introdujeron en el bosque. La pistola de John estaba cargada, lista para disparar a cualquier animal sabroso que se cruzara en su camino. Diez minutos después de partir, John oyó un grito procedente de la ribera del río, pero ningún disparo. Supuso que el otro guía había atacado a sus dos compañeros. Pero mientras pensaba lo que debía de hacer, oyó un ruido silbante, seguido de un dolor agudo en el muslo. Vio una flecha clavada a través del pantalón de su pierna derecha. Se dio media vuelta y vio a dos indios con arcos en mano y más flechas, listas para dispararle. John levantó su pistola y abrió fuego. Falló su disparo, pero sus dos atacantes se escabulleron.

La flecha clavada en el muslo derecho de John no llegó a tocar el hueso, por lo que la agarró y la extrajo. Un dolor punzante se desató en su pierna, pero no tuvo tiempo de preocuparse. Recargó de inmediato su pistola, y al hacerlo, cuatro indios aparecieron debajo de la maleza y le dispararon flechas. Una de ellas le traspasó la solapa de su grueso abrigo, pero no se le clavo en el brazo. Los indios se dieron media vuelta después de disparar sus flechas, y John disparó su pistola.

Después de recargarla rápidamente, John agarró al guía indio y le puso delante como escudo. Pero se dio cuenta que su complicada situación no tenía remedio. Estaba completamente rodeado por una banda de varios cientos de guerreros indios. Jaló del guía hacia sí e intentó pensar qué debía de hacer. Pero el asustado guía dio el siguiente paso. Aclaró a los indios que John no era un inglés cualquiera, sino que era un líder. Cuando John oyó esas palabras supo que el guía le había proporcionado un poco de tiempo, porque conforme a la costumbre local, un líder tenía que ser capturado vivo.

John ondeó su revólver en el aire y apuntó a la cabeza del guía, gritando que quería que se le permitiera volver a la canoa que les esperaba en la ribera o que dispararía al hombre. A continuación dio un empujoncito al guía y los hombres empezaron a caminar lentamente por el camino que habían venido. Fue un enfrentamiento incómodo. John estaba tan resuelto en vigilar cualquier movimiento repentino de los indios en derredor que no notó dónde pisaba. Al dar un paso, puso el pie en el borde de un lodazal fangoso. De repente, perdió el equilibrio, cayó de costado y arrastró al indio consigo. Los dos hombres acabaron supurando lodo hasta el cuello.

Los guerreros indios se dieron prisa y se pusieron al borde de la ciénaga, con flechas listas sobre sus arcos. John esperó que las puntas de piedra cortantes como cuchillas de sus flechas comenzaran a llover sobre él, pero en vez de ello, un hombre de complexión robusta y pelo cano dio un paso al frente. El guía dijo en seguida a John que el hombre se llamaba Openchancanough. Era jefe de la tribu india de Pamunkey y uno de los hermanos menores del jefe Powhatan. John había oído hablar de Powhatan, jefe poderoso de una confederación de tribus indias de la región.

Openchancanough vio a John embarrado y éste supo exactamente que el otro quería su pistola. La situación era desesperada. Tanto él como el guía indio se hundían cada vez más en la ciénaga. Finalmente John entregó el arma. Después, unos brazos fuertes se extendieron y sacaron al guía y a él del lodazal.

Una vez de pie, empapado de lodo, John pensó rápidamente. Sabía que los indios locales estaban encaprichados tanto como los ingleses con el rango y la posición social de un hombre. Echando mano de su exiguo conocimiento de la lengua algonquina, trató de convencer a Openchancanough que él era un hombre de rango y estatus. También sabía, por haber observado a los indios desde su llegada a Virginia, que ellos tendían a pensar que todo lo que no podían entender era sobrenatural. Mientras hablaba, extrajo su brújula del bolsillo y la sujetó para que Openchancanough la pudiera ver. El jefe quedó fascinado al comprobar que John giraba la caja de marfil de la brújula con la mano y la aguja seguía señalando la misma dirección. Openchancanough tomó la brújula y repitió la acción.

El esfuerzo de John dio resultado. Openchancanough no solo creyó que John era un hombre importante en su sociedad, sino que además tenía poderes sobrenaturales. En vez de hacerle matar, el jefe y John avanzaron hasta un campo de caza a varios kilómetros de distancia. Mientras caminaban, un grupo de guerreros flanquearon a John, con sus flechas en sus arcos listas para dispararle si hacía un movimiento en falso. Por su parte, John se sintió afortunado de seguir aún con vida y decidió postergar su escapada para más adelante.

En el campo de caza le fue permitido a John lavarse el fango de su cuerpo y su ropa, y a continuación fue guiado a una cabaña semejante a una tienda, donde ardía un fuego en el centro. Se sentó en una esterilla junto al fuego, y poco después aparecieron dos mujeres con platos de venado y pan para agasajarle. John comió de buena gana, pero había tanta comida que súbitamente dudó si los indios le estaban engordando para comérselo.

Pero no fue ese el caso. Lo que más quería Openchancanough era información. ¿Por qué habían venido los ingleses a su tierra? ¿Por qué habían construido un fuerte? ¿Cuánto tiempo proyectaban quedarse? ¿Por qué los ingleses no habían traído mujeres con ellos? Las preguntas se sucedieron y John intentó responder con evasivas cada nueva pregunta.

Después de varios días en el campo de caza, John fue conducido hasta otra aldea. Y pocos días después a otra. Esta pauta se repitió hasta el 30 de diciembre de 1607, fecha en que fue conducido a Werowocomoco, la aldea desde la que el jefe Powhatan gobernaba sobre la confederación de tribus que estaban bajo su control. La aldea estaba ubicada en la ribera norte de río Mattaponi (York), lugar que hasta la fecha ningún inglés había visto, como tampoco al jefe Powhatan.

En Werowocomoco John fue llevado a una cabaña de reuniones construida con paja y carrizos. Como no tenía ventanas, era muy oscura por dentro. La única luz que allí entraba procedía del fuego encendido en el centro y de la apertura de la puerta. John se percató de un hombre sentado en una esterilla al otro lado del fuego. El hombre estaba vestido con una vestidura confeccionada con piel de mapache y adornado con colgantes de perlas en el cuello. John le miró detenidamente. Sabía que tenía que ser el jefe Powhatan, pero no supo discernir cuán anciano era el hombre. Tenía el pelo completamente cano, casi blanco, pero aparentaba ser mucho más joven.

En torno al jefe se sentaron varias mujeres, que en su mayor parte, según John averiguaría después, eran esposas del jefe Powhatan. Pero algunas de ellas eran hijas suyas, incluida una niña de unos doce

años, que se llamaba Amonute, a quien todos llama-
ban por su apodo Pocahontas, que significa «juguato-
na» en lengua algonquina. Pocahontas miró fijamente
a John cuando su padre empezó a interrogarle.

Como hiciera su hermano menor días antes, el
jefe Powhatan quería saber por qué los ingleses habían llegado a Virginia y se habían asentado en su
territorio. También deseaba saber por qué habían
zarpado dos barcos, y si iban a volver, y cuándo lo
harían.

Para responder a sus preguntas, John se inventó la historia de que los tres barcos habían librado
una feroz batalla contra sus enemigos españoles y
se habían visto obligados a refugiarse en la bahía
de Chesapeake para reparar sus naves. Dos fueron
reparadas, pero la otra aún tenía una vía de agua,
y estaban trabajando para repararla. Los otros dos
barcos habían zarpado para conseguir suministros
y cuando regresaran terminarían las reparaciones
y volverían juntos a Inglaterra. John explicó que
mientras tanto había hecho un viaje para buscar el
gran océano al otro lado del continente, y entonces,
fue capturado.

John se inventó la historia de los barcos para
no facilitar al jefe información acerca de Jamestown
y sus objetivos a largo plazo no fuera que el jefe
Powhatan decidiera arrasar el asentamiento. John
pensó que era mucho mejor que el jefe creyera que
se trataba de un campamento provisional que pronto desaparecería.

La vida de John estaba ahora en manos del jefe
Powhatan y John lo sabía, de modo que decidió apos-
tar fuerte y correr el riesgo. Manifestó al jefe que
como él era líder de los ingleses, éstos esperaban que

volviera pronto al asentamiento. Si no volvía, los ingleses sin duda saldrían en busca suya, cargados con sus mosquetes y sus botes armados con cañones.

Después de oír todo lo que John tenía que decir, el jefe Powhatan se reunió con un grupo de consejeros para decidir su destino. John se mantuvo nerviosamente sentado durante varias horas mientras el jefe y sus consejeros conversaban acaloradamente entre sí.

Finalmente, el jefe Powhatan tomó una decisión. Hizo una señal a varios guerreros que esperaban a la puerta de la cabaña, y poco después los guerreros rodaron una gran piedra plana y la asentaron delante del fuego. Entonces surgieron dos hombres corpulentos con dos palos pesados de madera. A John se le aceleró el pulso.

Varios guerreros agarraron a John y lo arrastraron hacia la piedra. Le obligaron a poner la cabeza sobre ella y retrocedieron para dar paso a otros dos guerreros que levantaron sus palos.

Capítulo 12

Trampear la muerte

Cuando John esperaba que el palo cayera sobre su cabeza, sintió como un roce de pelo sobre su mejilla. Levantó la vista y vio a Pocahontas poner su cabeza contra la suya. Súbitamente se produjo un silencio absoluto. El palo no cayó sobre él.

—Pocahontas, ¿por qué haces esto? — oyó John al jefe Powhatan preguntar a su hija

—No quiero que muera —replicó levantando la cabeza. Padre, te ruego que le salves la vida y me lo entregues a mí.

El jefe Powhatan suspiró.

—Como quieras —le dijo. Luego, volviéndose hacia los presentes, añadió—: Hoy no habrá matanza. Que se cumpla lo que desea.

John sintió que unos brazos fuertes le levantaban y le escoltaban hacia una cabaña, donde le ataron y le dejaron solo. En la penumbra se preguntó

qué le sucedería a continuación. ¿Le permitiría el
jefe Powhatan volver a Jamestown o sería retenido
en la aldea y obligado a obedecer los caprichos de
Pocahontas? La respuesta llegó dos días después,
cuando el jefe se presentó a la puerta de la cabaña,
flanqueado por doscientos guerreros pintados.

—Ahora somos amigos— le dijo el jefe a John. Te
trataré como a un hijo. Puedes volver con los tuyos.
Enviaré hombres para escoltarte. Lo único que te
pido es que les des dos armas grandes y una muela
de molino.

El corazón de John se conmovió. Después de
todo, iba a ser liberado. Aceptó de buen grado las
condiciones de su liberación y ese mismo día partió
por tierra hacia Jamestown. Le acompañaron doce
hombres, incluido Rawhunt, uno de los guerreros en
quien más confiaba el jefe Powhatan.

El grupo llegó a Jamestown una hora después de
la puesta del sol, el 2 de enero de 1608. Los centine-
las del asentamiento se quedaron estupefactos cuando John apareció por el portón. Había transcurrido
casi un mes desde su partida de Jamestown y todos
se imaginaron que había sido asesinado. Una vez seguro dentro de la empalizada de Jamestown, John se
enteró de que Thomas Emry y Jehu Robinson, y uno
de los hombres que había dejado con la chalupa en
Apokant habían sido asesinados por el guía indio. El
resto de los hombres lograron escapar en la chalupa
y vivieron para contar lo que les había sucedido.

Comprensiblemente, nadie en el asentamiento
quería que el grupo de escoltas indios se quedaran en
el fuerte más tiempo del necesario. John les mostró
dos cañones de casi 150 kilos y dijo a Rawhunt que
podía llevárselos. Rawhunt frunció el ceño al darse

cuenta de que no había manera en que su grupo, o incluso cien hombres pudieran transportar los cañones. En efecto, había sido necesario utilizar un sistema mecánico de elevación para sacarlos del *Susan Constant* y trasladarlos a la empalizada.

John intentó mantenerse serio.

—Díganle al jefe Powhatan que les he ofrecido los dos cañones pero no pudieron moverlos —les dijo—. Como compensación les daré hachas, y cacharros de cocina, y espejos para sus mujeres. También les daré la muela que pidió su jefe.

Rawhunt gruñó. Sabía que estaba perdido, lo que hizo sonreír a John para sus adentros. John había sido más listo que el gran jefe al impedir armar a los nativos con armamento europeo. Creía que las espadas, las pistolas y los cañones debían mantenerse lejos de los nativos a toda costa.

Una vez que el grupo de escoltas fue despedido, John trató de ponerse al día tocante a la vida de la colonia. Las enfermedades invernales y la escasez de comida habían pasado factura, y a consecuencia de ello solo quedaban cuarenta hombres de los ciento cinco que había en el principio. Durante la ausencia de John varios hombres, entre ellos John Ratcliffe y Gabriel Archer, quienes habían sido nombrados parte del consejo rector en ausencia de John, empezaron a planear el abandono de la colonia y regresar a Inglaterra a bordo del *Discovery*. John frustró de inmediato este plan, lo que enfureció al presidente Ratcliffe, quien se vengó haciendo arrestar a John por haber dejado a Thomas Emry y Jehu Robinson solos con el guía indio, asesino de ambos.

Los cargos fueron indignantes, y como el presidente no pudo apoyarse en la ley británica, recurrió a la Biblia y citó el libro de Levítico. El pasaje que citó declaraba que había que pagar ojo por ojo, diente por diente y vida por vida. Como John había sido imprudente al arriesgar la vida de los dos hombres, John Ratcliffe argumentó que a cambio debía de pagar con su propia vida.

El razonamiento era endeble e injusto, pero los hombres estaban desesperados por quitar a John Smith de en medio para poder zarpar hacia Inglaterra. Veinticinco horas después de ser recibido en Jamestown, John fue sentenciado a muerte en la horca.

Todo esto sucedió tan velozmente que John se quedó perplejo, especialmente, por cuanto había burlado la muerte de manos de los indios, para toparse con ella de manos de sus propios paisanos. Esa noche John se sentó a comer la que se imaginó sería su última cena. Pero mientras comía, sonó un aviso de trompeta. Un barco se aproximaba por el río James.

De pronto todo quedó sumido en el caos cuando los hombres corrieron hasta el borde del agua para ver si el barco era amigo o enemigo. El alborozo se desbordó cuando se izó la enseña en el mástil del barco. La nave *John and Francis* estaba comandada por el capitán Newport. ¡Por fin llegaban suministros y refuerzos a Jamestown!

El capitán Newport se hizo cargo en seguida de la situación de Jamestown y liberó a John. Por supuesto, éste se alegró mucho, y también, cuando vio a los sesenta nuevos colonos que viajaban a bordo del *John and Francis*, por no mencionar los depósitos de comida en la bodega del barco. Después de dos días libres, todo el mundo arrimó el hombro en la tarea de la descarga del barco. Se depositó en el almacén salazón[1] de cerdo y ternera, así como aceite de oliva, mantequilla, queso y cerveza.

Tan pronto como se hubo descargado la mayor parte del contenido depositado en la bodega del barco, uno de los recién llegados derribó accidentalmente una lámpara de aceite, lo que prendió fuego a su cabaña. El fuego se extendió en seguida hasta consumir casi todos los edificios del asentamiento, incluido el almacén recién abastecido y la iglesia.

Este fue un golpe amargo para la comunidad, pero el reverendo Hunt ayudó a John y a los demás a conservar el optimismo. Aunque él perdió sus libros de teología, además de la iglesia, el reverendo se mostró agradecido de que ninguno hubiera resultado muerto o herido por el incendio.

Después que el fuego arrasara Jamestown, la gente no tenía nada que hacer salvo comenzar a reconstruir el asentamiento. Los miembros de la comunidad permanecieron a bordo del *John and Francis* hasta que se acabaran de construir nuevas cabañas. Afortunadamente, aún quedaban algunas provisiones en la bodega del barco, y mejor aún, el capitán Newport dijo a John que el *Phoenix* llegaría de un día para otro. Ambos barcos habían zarpado juntos de Inglaterra, pero fueron separados por una feroz tormenta a medida que se acercaban a la bahía de Chesapeake. Aunque el *Phoenix* hubiera sido desviado de su curso, no tardaría muchos días en presentarse en Jamestown. A bordo de este navío viajaban otros cincuenta colonos y más depósitos de alimentos.

Mientras tanto, el jefe Powhatan había visto atracado el *John and Francis* en el río, frente a Jamestown,

---

1   Salazón: Acción de salar un alimento, como carne o pescado, para su conservación.

y enviado recado para entrevistarse con el capitán Newport y comerciar con él.

John, el capitán Newport y treinta hombres con él se embarcaron en el *Discovery,* descendieron por el río James y ascendieron por el río Mattaponi hasta Werowocomoco para entrevistarse con el jefe Powhatan. El jefe recibió a los hombres a su aldea, y haciendo John de intérprete, el capitán Newport y él pusieron un hacha delante del jefe Powhatan para ver lo que éste estaba dispuesto a dar por ella. Pero el jefe enfocó el asunto de otra manera, pillando al capitán Newport desprevenido.

—Capitán Newport, yo soy un hombre distinguido, y a mí no me agrada comerciar de una manera tan insignificante. Usted también es distinguido entre los suyos. Exponga todos los productos que ha traído para intercambiar. Tomaré lo que me guste y le compensaré con lo que creo que es el precio justo de los artículos —dijo el jefe Powhatan.

Cuando John tradujo las palabras del jefe, quiso gritar «no, no acepte las condiciones» al capitán Newport, pero tal comentario, o incluso un mero gesto, habría despertado la sospecha del jefe y puesto en peligro sus vidas. John esperaba que el capitán Newport se diera cuenta de lo que el jefe Powhatan maquinaba. Sin embargo, el capitán Newport no vio la trampa que el jefe le había tendido, y aceptó su proposición, mostrándole todos los productos que había traído para comerciar.

John se enardecía viendo al jefe Powhatan escudriñar los productos. Al terminar el intercambio, el capitán Newport solo había conseguido una parte de lo que podría haber obtenido si hubiera intercambiado cada cosa por separado. John se figuró que el

capitán Newport había pagado el valor de una libra
en abalorios para obtener lo que John habría obtenido por un penique. Cuando la entrevista tocaba a
su fin, John resolvió que tenía que hacer algo para
salvar la situación.

Mientras permanecía tranquilo por fuera, pero
echando humo por dentro, John se puso a tocar
un puñado de cuentas de collar azules. Cuando el
jefe Powhatan vio lo que hacía, le preguntó por las
cuentas.

—Estas cuentas son de una sustancia muy rara
de color cielo. Son muy apreciadas por los reyes más
poderosos del mundo, y no puedo entregárselas —advirtió John al jefe.

El jefe Powhatan presionó a John para que inter-
cambiara las valiosas cuentas. John le desanimó di-
ciéndole que eran demasiado valiosas, hasta llegar un
momento en el que el jefe Powhatan ansió poseerlas.
Cuando al final accedió a desprenderse de ellas, las
cambió por trescientas fanegas de maíz. Por supuesto, las cuentas eran adornos sin valor, pero John se
sintió satisfecho de que su esfuerzo hubiera salvado
del desastre el trueque del día.

Una vez que el grano y otros productos se car-
garan en el *Discovery*, los ingleses emprendieron el
viaje de regreso a Jamestown.

Después de regatear con el jefe Powhatan, el capitán Newport dedicó su atención a otro asunto —la
búsqueda de oro—. Aunque no había evidencia de
que existiera este metal precioso en las cercanías
de la bahía Chesapeake, John se enteró de que el
capitán Newport había prometido a los directores de
la Compañía Virginia que regresaría con una carga
de dicho metal. Para prepararse, había traído con él

dos ensayadores y dos joyeros, con suficientes bal-
des, ollas y palas para que todos participaran en una
gran búsqueda de oro. El presidente Ratcliffe y John
Martin fueron los que se dejaron arrastrar por el en-
tusiasmo del capitán, y John fue el único que instó a
avanzar más despacio. ¿Qué utilidad tenía el oro —argumentó— si no tenían ropa que ponerse ni la debida
protección ante un ataque indio? Peor aún, el capitán
Newport prometió no zarpar hasta que se encontrara
oro, y los marineros del *John and Francis* consumían
rápidamente las nuevas provisiones de alimentos de
la colonia. Esto era crucial porque el *Phoenix* no había llegado y se asumía que se había perdido en alta
mar con toda su mano de obra a bordo.

Aunque lo intentó, John no consiguió que le es-
cucharan, por lo cual, dio comienzo la caza del oro.
Día tras día los hombres caminaron por las riberas,
cribando arena en busca del escurridizo metal. Aunque no se encontró nada, el capitán Newport estaba seguro de que parte del fango y los sedimentos
extraídos del cauce del río contenían oro, y mandó
sacar barriles llenos de lodo y cargarlos en su barco. Corrían días de principios de abril antes que se
completase la tarea y el capitán Newport deseaba
zarpar. Al enterarse de la próxima salida del *John
and Francis* rumbo a Inglaterra, el jefe Powhatan envió veinte pavos y pidió al capitán Newport cambiarlos por veinte espadas. John se enfadó al descubrir
que el capitán había consentido a su petición. Las
primeras armas europeas ya estaban en manos de
los indios.

El 10 de abril de 1608, el *John and Francis* zarpó
rumbo a Inglaterra después de una estancia de tres
meses y medio en Jamestown. Por su parte, John se

alegró de que el capitán Newport y sus hambrientos marineros se alejaran. Mejor aún, Edward-Maria Wingfield y Gabriel Archer también iban a bordo. Su ausencia reduciría la tensión diaria en la colonia.

Diez días después de la partida del *John and Francis* para Londres, John se encontraba al aire libre talando árboles con varios colonos, cuando sonó la trompeta de alarma. John dejó su hacha y corrió en busca de su mosquete, temiendo que Jamestown fuera atacada por una banda de indios. Afortunadamente, la colonia no sufría ningún ataque, sino que un barco mercante acababa de doblar una curva del río James y se dirigía hacia el asentamiento. La nave exhibía la enseña británica en el palo mayor, y al acercarse, John pudo ver con su catalejo el nombre del barco: *Phoenix*. El barco que se creía perdido con todos sus brazos llegaba por fin. Los residentes de Jamestown corrieron emocionados hacia la ribera del río para darles la bienvenida.

Una vez que el barco atracara firmemente en Jamestown, el capitán Thomas Nelson, del *Phoenix*, contó a John la historia vivida en los últimos cuatro meses. La tormenta que había separado al *Phoenix* y al *John and Francis* en la entrada de la bahía de Chesapeake empujó al *Phoenix* en dirección sur, hacia la mar abierta. En efecto, el barco se desvió tanto hacia el sur que el capitán Nelson decidió dirigirse hacia las Indias Occidentales, donde invernaron barco y tripulación. Finalmente, después de tres meses y medio, el tiempo se estabilizó lo suficiente como para que el *Phoenix* reanudara el viaje hacia su destino. Mientras el barco permaneció en las Indias Occidentales, el capitán Nelson practicó el trueque con los habitantes de varias islas, de manera que no se vio forzado a consumir las provisiones almacenadas en la bodega del barco.

Esta noticia alegró mucho a John. No solo transportaba el *Phoenix* otros cincuenta colonos, cuyo trabajo podía ser aprovechado, sino que además su bodega estaba bien surtida de alimentos.

Un día después de la llegada del *Phoenix* a Jamestown los miembros de la colonia se pusieron a descargar y depositar el contenido de la bodega en el almacén y construir más cabañas para alojar a los nuevos colonos.

Una vez hecho esto, la colonia se dedicó a adaptarse a los nuevos miembros y procurar abastecimiento para los meses subsiguientes. No obstante, su esfuerzo se vio interrumpido por las visitas de los hombres del jefe Powhatan. Envalentonados por el trueque de las veinte espadas del capitán Newport, el jefe envió veinte pavos a John Smith tratando de cambiarlos por más espadas. John se negó rotundamente y envió al mensajero con las manos vacías, esperando que aquel negocio no creara otro enemigo para Jamestown.

Al parecer, lo que el jefe Powhatan no pudo conseguir negociando estuvo dispuesto a robarlo. Grupos pequeños de indios comenzaron a infiltrarse en el asentamiento y a robar armas y utensilios. Esto exasperó a John, quien resolvió dar un escarmiento a cualquiera que fuese sorprendido robando. Al cabo de poco los colonos capturaron a doce indios en una incursión para robar en Jamestown. John les hizo encarcelar y envió un mensaje al jefe Powhatan, exigiendo la devolución de las cosas robadas a la colonia como condición para liberar a los hombres. Al día siguiente, dos colonos que buscaban alimentos fuera del campamento fueron apresados por guerreros indios.

John decidió entrar en acción. Reclutó un pequeño grupo de hombres y partieron río arriba en la chalupa. Redujeron a cenizas la primera aldea india que encontraron a su paso y destrozaron las canoas atadas junto a la ribera. Luego volvieron a Jamestown a esperar la respuesta del jefe Powhatan. Llegó a la mañana siguiente, cuando se presentaron los dos prisioneros, con una pila de palas robadas a las puertas del asentamiento. Resuelto aún a mostrar al jefe quién iba a llevar la de ganar, John soltó a unos de los prisioneros indios y aterrorizó a los otros once, manteniéndolos a punta de pistola y amenazándoles con torturas.

Al tercer día, el jefe Powhatan intentó una nueva aproximación para aplacar a John y los colonos. Envió a Rawhunt y Pocahontas a solicitar la liberación de los guerreros. El simbolismo no pasó desapercibido a los ojos de John. Pocahontas había suplicado en una ocasión que le fuera perdonada la vida, y ahora ella le rogaba a él que perdonara las vidas de sus parientes. John no pudo más que ceder y liberar a los indios cautivos.

A pesar de las circunstancias de la visita, John se alegró de volver a ver a Pocahontas y la invitó a visitar el campamento siempre que quisiera.

Poco después, el 2 de junio de 1608, el *Phoenix* zarpó río James abajo. La nave iba rumbo a Inglaterra, con una carga de tejas de cedro. El capitán Nelson también llevó consigo muchos mapas que John había trazado de la región y un manuscrito que John había escrito relatando sus aventuras vividas hasta la fecha en Virginia.

Era mediados del verano, y con tantas manos ocupadas recogiendo la cosecha que habían sembrado para alimentar a la comunidad, John creyó

que podía ser eximido de trabajos para continuar la
exploración de la región de la bahía Chesapeake. Escogió a catorce hombres para que le acompañasen, y
partieron todos en la chalupa.

Durante las siete semanas siguientes los hombres exploraron las entradas y vías fluviales del
estuario de Chesapeake. Al avanzar hacia el norte
dejaron el territorio sobre el que gobernaba el jefe
Powhatan y penetraron en el territorio de otras tribus indias. También recorrieron una distancia considerable por el río Patawomeck (Potomac). Por el
viaje, John dibujó un mapa exacto del territorio que
habían explorado, anotando los nombres de las diversas tribus que vivían a lo largo de los ríos y ba-
hías de Chesapeake.

Para regresar a Jamestown, John quiso explorar
el río Rappahannoc. No obstante, yendo río abajo la
chalupa encalló en un banco de arena en la desembocadura del río. La embarcación se atascó en seguida, y los hombres tuvieron que esperar a la marea alta para hacer reflotar la chalupa. El pescado
abundaba en las aguas poco profundas en el banco
de arena y los hombres pasaron el tiempo pescando.
En vez de usar caña de pescar, John se contentó con
arponear peces con su espada, método que llegó a
dominar. Mientras hacía esto, un pez distinto a todos los que había visto en su vida apareció junto a la
chalupa. El pez era redondo y plano y tenía una cola
punzante. Para moverse, el pez ondulaba su cuerpo.

Intrigado por lo que veía, John arponeó al pez
—que pronto supo por qué se llamaba raya con púa
por una buena razón— con su espada. Cuando le-
vantaba a la criatura colgada de la espada, el pez
se revolvió, sacudió su cola, y la clavó casi cuatro

centímetros en el brazo de John. No brotó sangre de la herida, pero la raya le dejó una marca azul en la piel. Pero el dolor fue más intenso que todos los que había soportado en su vida, y el brazo y el hombro se le empezaron a hinchar. Uno de los hombres le aplicó un poco de crema en la herida, pero no surtió ningún efecto. El dolor en el brazo de John se hizo cada vez más intenso.

Después de dos horas de dolor insoportable, en el fondo de la chalupa, John estaba seguro de que iba a morir.

—Salgan a tierra y caven mi tumba —ordenó John a los hombres— porque no tardaré en entrar en ella.

Los hombres hicieron como él dijo, vadeando hasta una pequeña isla en la desembocadura del río y excavando una tumba poco honda.

Los hombres observaron lastimosamente mientras John se retorcía de dolor. El propio John sabía que en cuestión de minutos le echarían en el agujero que habían excavado. Pero los minutos se hicieron horas y poco a poco el dolor que John sentía fue remitiendo. John empezó a dudar si después de todo no moriría. A última hora de la tarde el dolor casi había desaparecido por completo, aunque su brazo de John todavía estuviera sensible e hinchado. Y se produjeron más buenas noticias: la marea alta hizo flotar la chalupa. Los hombres llevaron la embarcación a tierra, donde encendieron un fuego, y culminando con una especie de final poético el día, John cocinó y comió de la raya que tanto dolor le había causado.

Al día siguiente los hombres prosiguieron su viaje hasta Jamestown. John se preocupó a medida que se acercaban al campamento. Nunca había encontrado el lugar en mejores condiciones que antes de partir, y esta vez tampoco fue excepción. Cuando llegaron, el aborrecimiento al presidente había alcanzado su máxima expresión. John Ratcliffe había permitido consumir demasiada comida racionada del asentamiento, y mandado a los hombres que dejaran todas sus labores para construirle una gran casa para residir. Algunos colonos estaban tan enfadados con el mal liderazgo del hombre que estaban listos para lincharle. Otros preferían arrebatarle su cargo de liderazgo y nombrar a John Smith como nuevo presidente de Jamestown.

John no deseaba mucho aceptar el cargo. Había visto demasiadas cosas que le fatigaban como para asumir el liderazgo supremo sobre un grupo de personas tan difíciles de gobernar. Sin embargo, resultaba obvio que el presidente Ratcliffe había perdido el respeto de toda la comunidad y John aceptó finalmente asumir la presidencia con la condición de poder escoger el nuevo vicepresidente. Ésta fue aceptada y el capitán John Smith fue elegido presidente de Jamestown, siendo nombrado su diputado Matthew Scrivener, uno de los nuevos colonos llegados con el capitán Newport en el *John and Francis*.

Uno por uno, los miembros de la comunidad se presentaron a felicitar a John, pero éste no vio motivo para enorgullecerse de su nuevo cargo. Su único objetivo era mantener con vida a tantos residentes de Jamestown como fuera posible hasta la llegada del siguiente barco de Inglaterra.

Capítulo 13

El que no trabaje
que no coma

El barco de abastecimiento llegó a Jamestown mucho después de lo previsto a principios el 3 septiembre de 1608. A bordo viajaban dos mujeres y ocho
trabajadores alemanes y polacos, junto con otros
sesenta colonos ingleses impacientes. John les dio
la bienvenida oficial a todos y subió al barco para
conferenciar en privado con el capitán Newport. Durante la reunión, el capitán entregó a John una carta de la junta directiva de la Compañía Virginia de
Londres. John rompió el sello de cera del sobre y la
abrió. Al leerla, sintió que le hervía la sangre. La carta contenía tres directivas. Una, que para hacer el
viaje rentable el barco tenía que regresar a Londres
con un cargamento de dos mil libras. Dos, encontrar oro o una ruta al océano Pacífico, o encontrar

supervivientes de la colonia Roanoke. Y tres, coronar
al jefe Powhatan como «virrey» del imperio británico.

Las exigencias de la carta eran más de lo que
John podía soportar. ¿Cómo podían los caballeros
de la Compañía Virginia darle órdenes tan ridículas?
Pero las órdenes tenían que ser obedecidas de una
manera u otra. A John le preocupó particularmente
la coronación del jefe Powhatan como virrey. ¿Cómo
recibiría el jefe tal gesto? ¿Le inflaría de orgullo o le
irritaría? John no estaba seguro, pero como el capitán Newport estaba resuelto a llevar a cabo esta misión, él reunió una asamblea de 120 hombres para
ir a visitar al jefe Powhatan y concederle el honor.

John vio cómo el capitán Newport salía con tres
barcazas cargadas de regalos para el jefe, entre ellos
una cama con dosel, una capa roja, una palangana,
un par de zapatos y, por supuesto, una corona dorada para el nuevo «Príncipe Tributario del Reino».

Cuando partió el grupo, John tenía por delante una tarea abrumadora. El capitán Newport había
traído setenta colonos consigo, incluidas dos mujeres, una casada y otra soltera. Por vez primera,
la colonia no era exclusivamente masculina, y hubo
que cambiar algunas normas para dar cabida a las
mujeres. John y el consejo ilegalizaron las palabro-
tas o hacer sus necesidades entre los arbustos fuera del fuerte. Hubo que construir letrinas para este
propósito.

Los ocho comerciantes alemanes y polacos que
habían llegado en el barco de aprovisionamiento
también aumentaron la frustración a la carga de
trabajo de John. Los polacos no se llevaban bien con
los alemanes, y a ninguno de ellos les caían bien los
ingleses. Ante esta situación, John debía supervisar

a los hombres en tanto establecían una fábrica para producir vidrio, brea y alquitrán. El estrés añadido causaba enfado en John, pero hizo todo lo que pudo por proveer muestras de los nuevos productos para que el capitán Newport las llevara a Inglaterra.

El capitán Newport y sus hombres volvieron a Jamestown sanos y salvos, aunque muchos de ellos dudaban que el jefe Powhatan tuviera idea de por qué habían ido todos ellos a su aldea a ponerle una cinta metálica en la cabeza. Tan pronto como regresó el grupo, John partió río abajo con treinta hombres para talar árboles para hacer tejas para poder llenar la bodega del barco. Por lo que a él concernía, cuanto antes el capitán Newport y sus hambrientos hombres se fueran, mejor vivirían los colonos.

Cuando John y los hombres volvieron a Jamestown pocos días después, los peores temores de John se cumplieron. El jefe Powhatan había cortado toda suerte de comercio con el asentamiento, alegando que había sido insultado porque ahora se le consideraba un subordinado del rey inglés.

Justo cuando las primeras escarchas del invierno comenzaron a cubrir la tierra cada mañana, el capitán Newport salió para cumplir la segunda parte de su misión: encontrar algo de gran valor en Virginia. Resolvió explorar más allá de las cascadas del río James, pero la barcaza que llevó consigo contracorriente era demasiado pesada para que los hombres la transportaran hasta lo alto de la cascada, y al cabo de poco el viaje fue abandonado. El capitán Newport llegó de vuelta a Jamestown con las manos vacías, preocupado de la respuesta que darían los miembros del consejo de la Compañía Virginia cuando lo descubrieran.

Fue demasiado para John, quien escribió una carta mordaz a sus superiores en Londres, advirtiéndoles de cuán ridículos él pensaba que eran y cuán extravagantes eran sus ideas poniendo en peligro las vidas de los colonos.

También corrían peligro otras vidas. El capitán Newport había contado con poder comerciar a cambio de alimentos con los indios, pero una vez interrumpida la comunicación con ellos, no tenía forma de alimentar a su tripulación en su viaje de regreso a la metrópoli. John le permitió finalmente tomar las escasas provisiones de Jamestown y el barco zarpó rumbo a Londres a mediados de diciembre. Lo mejor de todo fue que John Ratcliffe iba a bordo de la nave, en un viaje que John esperaba que fuera sin retorno.

La situación fue precaria una vez que zarpó el barco, y todo el mundo se alegró cuando llegaron noticias del jefe Powhatan de que estaría dispuesto a proveer alimentos al almacén de la colonia a cambio de un precio. El precio que exigió fue le construyeran una casa al estilo inglés en Werocomoco, una piedra de molino, cincuenta espadas y pistolas, una gallina y un gallo.

John envió un mensajero aceptando las condiciones inmediatamente, aunque no tenía intención de suministrar al jefe las espadas y las pistolas. Determinó cómo resolver el trato más adelante. Mientras tanto, envió a los vidrieros alemanes y dos ingleses para empezar a echar los cimientos de la casa y al mismo tiempo espiar a los hombres del jefe Powhatan.

Poco después, John mandó dos barcazas con los suministros necesarios para construir una casa al estilo inglés, y el 24 de diciembre de 1608, las

barcazas salieron de Jamestown rumbo a Werowocomoco, celebrando los hombres la Navidad por el
camino. El 12 de enero de 1609, las barcazas llegaron a Werowocomoco, encontrando John al jefe de
buen ánimo. El jefe dio la bienvenida a John y y sus
hombres, los cuales se dispusieron a construir su
casa con corteza y paja.

La obra se desarrolló bastante deprisa, aunque
John no podía sacudirse el pensamiento de que el
jefe Powhatan planease atacarle si dejaba bajar la
guardia. Entonces, una noche antes que John iba a
partir para Jamestown, Pocahontas se presentó en
la puerta de la cabaña donde los hombres se aloja-
ban fuera de Werowocomoco. Arriesgando su vida,
fue a avisar a John que su padre pensaba matarle
a él y a sus hombres. Su padre les enviaba comida,
pero a los guerreros que la llevaban se les había encargado desarmar a John y sus hombres y matar-
les a todos. Pocahontas también avisó a John para
que se mostrara precavido de los dos alemanes, ya
que les habían estado espiando secretamente a favor
de su padre. John dio las gracias a Pocahontas por
su aviso, y la hija del jefe desapareció en la oscuridad de la noche de manera tan rauda como había
aparecido.

Ocho fornidos guerreros se presentaron en la cabaña una hora después, con bandejas de venado
asado para dar de comer a John y sus hombres. Los
guerreros les explicaron que la comida era un regalo
del jefe Powhatan, pero John y sus hombres, con los
mosquetes cargados, les observaron cautelosamente
mientras posaban las bandejas.

Los guerreros intentaron entablar alguna conversación mientras esperaban que los ingleses comenzaran

a comer para poder aplastarlos. Pero los desconfiados ingleses no apartaron ojo de los guerreros. Finalmente, uno de los guerreros tosió, balbuceó, y dijo que había mucho humo en la cabaña. Lugo sugirió a John que apagara los extremos de la mecha que ardían junto al fuego. Las cuerdas se usaban para encender la pólvora en sus rifles con llave de mecha. John reconoció el plan del guerrero en un instante y se dio cuenta de que éstos debían haber recibido esta información de los alemanes. Una vez apagadas las cuerdas, los guerreros habrían podido dominar a John y sus hombres y matarlos sin tener que preocuparse de disparar en el proceso.

John sonrió ante la sugerencia del guerrero y señalando al fuego en el centro de la cabaña, dijo:

—El fuego hace mucho más humo que cada cuerda que arde. Quizá deban salir a respirar aire fresco.

El guerrero se encogió de hombros como si no hubiera entendido.

Finalmente los guerreros parecieron darse cuenta de que el elemento sorpresa había desaparecido y después de unos minutos de vigilancia mutua por ambas partes, los guerreros se retiraron, dejando que los hombres acabaran de comerse su venado.

Aquella noche John apostó guardas para vigilar no fuera que el jefe Powhatan montara otro ataque para intentar matarlos. Afortunadamente, la noche transcurrió tranquila y a la mañana siguiente bien temprano los hombres partieron río abajo en la barcaza cargada con los alimentos que el jefe Powhatan les había facilitado como pago por la casa.

Cuando John llegó a Jamestown, recibió otra mala noticia. Su diputado Matthew Scrivener, y otros colonos se habían ahogado en una corta expedición a la isla de Hog, pequeña isla situada a menos de un kilómetro río abajo de Jamestown.

Para empeorar las cosas, el último viaje del capitán Newport, varios polizones habían viajado en el barco y se habían infiltrado en Jamestown. Los polizones eran ratas, que ahora habían infestado el campamento y se habían comido los escasos depósitos de comestibles que quedaban en al almacén. Y además, los colonos, especialmente los caballeros exploradores recientemente llegados, poco habían hecho por ayudarse a sí mismo mientras John había permanecido ausente. En consecuencia, muchas cabañas se estaban pudriendo a causa de la humedad del clima, y buena parte de las herramientas y muchas armas habían desaparecido. John supuso que los traidores que había entre ellos habían intercambiado las herramientas y las armas con los indios.

John ya estaba cansado. Había llegado la hora de actuar, y podía actuar solo. Como Matthew Scrivener estaba muerto, solo quedaba un miembro del consejo, y contaba con un voto, mientras que John como presidente, contaba con dos. John convocó una asamblea en la comunidad y manifestó claramente cómo iban a ser las cosas a partir de entonces. Comenzó diciendo en voz alta:

—No digo esto a todos ustedes, ya que sé que algunos merecen más honor y recompensa de la que pueden recibir aquí. Pero la mayor parte de ustedes debe ser más industriosa, o pasar hambre, a pesar de que hasta ahora la autoridad del consejo se lo haya pasado por alto... Como ven ahora el poder descansa totalmente en mis espaldas, por tanto deben obedecer ahora esta ley, que el que no trabaje tampoco coma (excepto los incapacitados por causa de enfermedad),

porque el trabajo de treinta o cuarenta hombres ho-
nestos e industriosos no se debe consumir en mantener ciento cincuenta ociosos holgazanes... ya no hay
consejeros que los protejan.

John dejó claro que estaba dispuesto a seguir
esa norma: «el que no trabaje tampoco coma», y los
colonos captaron bien el mensaje. A los tres meses
habían levantado veinte nuevas cabañas, cavado
un pozo y plantado doce hectáreas de terreno.
John también ordenó a los colonos que construyeran un puesto de control en el cuello de la península sobre la que estaba asentada Jemestown,
para poder regular a todo el que entraba y salía
del campamento.

Cuando llegó el verano, Jamestown progresaba y
casi todos reconocían que tenían que dar gracias a
John Smith por haber sobrevivido durante el invierno. Se plantaron cultivos, y se criaban setenta cer-
dos en la isla de Hog, y muchas gallinas correteaban
por el asentamiento. Aunque los colonos esperaban
con expectación la llegada del próximo barco de Inglaterra, su autoestima aumentaba a medida que
iban aprendiendo a proveer para sí mismos.

El 11 de agosto de 1609, una campana tocó tres
veces, dando a entender que un barco navegaba
por el río James. Resultó que eran cuatro barcos, el
Blessing, el *Falcon*, el *Unity*, y el *Lion*, los que circulaban río arriba. Las cuatro naves atracaron frente
a Jamestown y varios centenares de hombres, mujeres y niños desembarcaron. Muchos de ellos estaban débiles y algunos casi muertos debido a la in-
solación. De hecho, treinta y dos pasajeros habían
muerto durante el viaje por el clima cálido y habían
sido enterrados en el mar.

Con gran tristeza de John, John Ratcliffe iba a bordo de uno de los barcos, como también Gabriel Archer. Los dos antiguos agitadores estaban de vuelta. John se enteró por John Ratcliffe y Archer que la flota que había zarpado de Inglaterra consistía originalmente de nueve barcos, pero uno se había visto obligado a dar marcha atrás al principio del viaje, y los otros cuatro se habían separado del resto debido a un huracán en las Indias Occidentales. El *Sea Venture*, comandado por el capitán Newport, fue uno de los barcos que faltaba, y a bordo de él viajaba sir Thomas Gates. Con gran regocijo Ratcliffe informó a John que el consejo de la Compañía Virginia de Londres había determinado aumentar considerablemente el tamaño de la colonia, de aquí el gran número de nuevos colonos, entre ellos familias enteras. Como resultado de ello, el consejo había nombrado un gobernador para la región. El nuevo gobernador se llamaba lord De La Warr, y aunque todavía no había zarpado de Inglaterra, había nombrado a Thomas Gates para actuar en su nombre. El problema radicaba en que sir Thomas viajaba a bordo del *Sea Venture*, junto con la orden oficial de informar a John de dimitir como presidente de la colonia.

John se llevó una gran sorpresa y se enfadó al conocer el nuevo curso de los acontecimientos, pero no podía hacer nada al respecto cuando otros tres barcos avanzaron con dificultad por el río James pocos días después. Pero el *Sea Venture* no llegó, y este extremo dejó a John y a todo el mundo en un estado de confusión. Mientras esperaba la llegada del barco, John resolvió aventurarse para buscar un emplazamiento adecuado para edificar un fuerte para los recién llegados.

A diferencia de los otros viajes, éste fatigó a John. Tenía energía para debatir, engatusar y comerciar con los indios, pero carecía de la paciencia para hacer comprender al consejo de la Compañía Virginia de Londres cuán difícil era tallar una nueva colonia en la fragosidad[1] de América del Norte. Por primera vez después de llegar a Virginia, John se preguntó si debía regresar a Inglaterra o quizá quedarse y ayudar a establecer una de las colonias más pequeñas que la Compañía Virginia intentaba establecer por la región. No obstante, la decisión relativa a lo que John debía hacer en adelante le fue pronto arrebatada de sus manos.

---

1   Fragosidad: Aspereza y espesura de los montes.

Capítulo 14

De nuevo Inglaterra

¡Boom! Una ráfaga de luz iluminó la oscuridad. John se despertó repentinamente, con un dolor abrasador en las piernas y en el estómago, y percibió un olor a carne chamuscada. Saltó desde donde había estado dormido en la chalupa y se arrojó al agua, pero el dolor le impedía mover las piernas. Se hundió debajo de la superficie y emergió jadeante para recobrar aliento antes de volverse a hundir. Cuando salió a la superficie por segunda vez, vio la cuerda de rescate que se le había arrojado por la borda y se aferró a ella. Entonces los hombres de la chalupa le arrastraron hacia la embarcación. Al ser rescatado por la borda, John se desmayó de dolor. Se despertó cuando los hombres le quitaban la ropa chamuscada.

John supo después que cuando uno de los hombres de la chalupa había estado encendiendo su pipa con su pólvora y su pedernal[1], había saltado una chispa y encendido la bolsa de pólvora que colgaba de la cintura de John mientras dormía. La bolsa explotó lanzando una bola de fuego, y quemando a John, quien sufría tanto dolor que casi hubiera preferido ahogarse en el río. John apenas era consciente de que los colonos que iban en la chalupa se apresuraban contra reloj para hacer que llegara a Jamestown antes que muriera. Afortunadamente, lo consiguieron, pero poca ayuda le pudieron prestar en el campamento, a no ser por el bálsamo que dolía tanto al aplicarlo que John dudó que mereciera la pena.

Las quemaduras eran tan graves que John no podía caminar, y apenas podía pensar claramente a causa del dolor. La gente en el asentamiento le aconsejó que fuera a Inglaterra para recibir tratamiento, y por una vez John estuvo de acuerdo. Sabía que sería inútil para la colonia por mucho tiempo.

El 4 de octubre de 1609, John fue transportado a bordo del *Unity*. Los 570 colonos de Jamestown que se reunieron para despedirle se mostraron muy emocionados. Los veinte hombres más o menos que le habían acompañado desde la fundación de la colonia lloraron desconsoladamente, aunque algunos de los recién llegados parecieran alegrarse de poder deshacerse de un defensor tan estricto de la disciplina. John apenas se dio cuenta de su presencia cuando fue introducido a bordo del barco. Lo único que pudo hacer es sostenerse un poco para ver pasar las riberas del río James y después difuminarse las costas de la bahía de Chesapeake. Poco después el *Unity* navegaba por las aguas abiertas del océano Atlántico.

---

1   Pedernal: Variedad de cuarzo, compacto, traslúcido en los bordes y que produce chispas al ser golpeado.

John soportó las ocho semanas del viaje de regreso a Inglaterra con grandes dolores, y cuando el *Unity* atracó en el muelle de Blackwall en Londres, se alegró mucho al desembarcar, aunque aún no podía caminar y tuvo que ser ayudado para salir del barco. En el muelle John contrató una silla de manos que le llevara a una pensión barata de Strand, donde estableció su hogar. No era mucho, solo una habitación sencilla con una silla y una cama, pero era todo lo que necesitaba. John contrató a un muchacho para que le acercara la comida de una taberna cercana y halló un médico que le curara sus heridas cada mañana. No era la bienvenida que merecía, pero no estaba en condiciones de pronunciar charlas y cenar con dignatarios. John pasó su trigésimo cumpleaños solo en su habitación, preguntándose qué le depararía el futuro.

Las heridas de John fueron paulatinamente sanando, su salud mejorando, y sintió muchas ganas de saber qué ocurría fuera del pequeño mundo que se había creado dentro de la pensión. Uno de los capitanes que hacía poco que había regresado procedente de Jamestown visitó a John luego de su llegada a Londres. Sorpendió a John anunciándole que el manuscrito *Un verdadero relato de los incidentes y accidentes dignos de mención, como los sucedidos en Virginia desde la fundación de la colonia*, que John había enviado desde Jamestown con el capitán Nelson, en el *Phoenix*, hacía año y medio, se había publicado y convertido en récord de ventas en Inglaterra.

John se asombró al oír la noticia y contactó con el editor, quien le informó que le esperaban mil libras que podía reclamar por sus derechos de autor. Ese dinero ayudó a John a ponerse nuevamente en pie, y tres meses después de su retorno a Inglaterra, John comenzó a visitar algunos amigos importantes, entre ellos Richard Hakluyt. E incluso se entrevistó con los miembros del consejo de la Compañía Virginia y se las arregló para controlar su ira al explicarles, una vez más, cuán difícil era gobernar la colonia según sus requisitos. John anunció problemas para Jamestown a menos que los miembros del consejo dejaran de estar obsesionados con el oro y enviaran más trabajadores capaces y menos caballeros colonos. Los miembros del consejo escucharon respetuosamente lo que John les dijo, pero tuvo que transcurrir todo un año hasta que comprendieron la veracidad de sus palabras.

Por ese tiempo John se enteró de que las cosas habían ido mal para la colonia casi tan pronto como él abandonara Jamestown. Los nuevos líderes insistían en ser tratados como superiores y sacaban lo que les parecía del depósito de la comunidad. Y cuando el jefe Powhatan se enteró de que John ya no estaba allí, aprovechó la oportunidad para exterminar a los europeos de su territorio. Comenzó matando a diecisiete nuevos colonos que habían sido enviados para fundar otro asentamiento río arriba. Para entonces no había abastecimientos suficientes para que la colonia sobreviviera el invierno, de modo que a pesar del acto cometido por el jefe Powhatan, John Ratcliffe se vio obligado a intentar intercambiar con el jefe. John Ratcliffe pagó este intento con su propia vida, ya que el jefe Powhatan no estaba dispuesto a ayudar al asentamiento y dio muerte a Ratcliffe.

La situación de Jamestown fue rápidamente de mal en peor, hasta que los colonos se vieron obligados a comerse sus gatos y perros, después ratas,

y después el cuero de sus botas y zapatos. Finalmente, en completa desesperación, parte del grupo se entregó a comer los cuerpos muertos de sus
compañeros colonos. Cuando llegó el primer barco
con suministros en la primavera siguiente, solo 61
permanecían vivos 61 de los 570 colonos que había
dejado en Jamestown.

John se horrorizó al oír esta noticia. Él, más que
ningún otro, podía imaginarse los detalles de lo que
había sucedido a las más de quinientas personas
que habían perecido en lo que se dio en llamar «tiempo del hambre». Tristemente, concluyó que muchos
de los colonos habían muerto innecesariamente en
manos de líderes incompetentes y codiciosos.

Con todo, John creía en el futuro de la coloni-
zación de Virginia e hizo lo que pudo por promocio-
narla. Animado por el éxito de su primer libro, se
dispuso a escribir otro titulado *Mapa de Virginia con
una descripción del país*, que fue publicado en 1612.
Como su primer libro, el nuevo suscitó gran interés,
y a pesar del tiempo de hambre padecido el último
invierno en Jamestown, muchos otros ingleses de-
searon probar fortuna como colonos en Virginia.

Por su parte, John echaba de menos Virginia,
pero se daba cuenta de que no sería bien recibido
por lord De La Warr y el consejo que ahora gobernaba la colonia. Sus pensamientos se centraron en
explorar la costa norte de la bahía de Chesapeake.
Lo poco que se conocía de esta región era gracias
a dos mapas. Uno procedente del viaje de su viejo
amigo el capitán Gosnolden 1602, y el otro del viaje
del capitán George Weymouyh en 1605. El problema
que presentaban estos dos mapas es se contrade-
cían prácticamente en cada punto. John pensó que

dibujar un mapa exacto que mostrara la costa, los puertos, arrecifes, calas[2] e islas era el primer paso necesario para colonizar una nueva zona, y proyectó hacer tal mapa.

El principal reto de John para iniciar tal empresa era encontrar un patrocinador. Entonces se le ocurrió una idea sencilla. Él sabía que por el océano Atlántico norte pululaban la ballena, el bacalao y el atún, así que ¿por qué no explorar la costa, comerciar con los nativos y volver con un cargamento de pescado sazonado para venderlo en Londres? El beneficio de la venta del cargamento serviría casi con toda seguridad para financiar la empresa en su totalidad. John presentó la idea a varios inversores. El plan pareció perfectamente lógico a los inversores, quienes prestaron dinero para comprar dos barcos. Para marzo de 1614, John estaba listo para zarpar con el *Frances* y el *Queen Anne*, barcos con aparejos cruzados, ágiles en la mar y tripuladas con los mejores marineros de Inglaterra. Además, a bordo de los barcos viajarían dos indios que el capitán Weymouth había secuestrado y traído a Inglaterra nueve años antes. John hizo un trato con uno de ellos, un hombre llamado Squanto. Si los dos indios le ayudaban a navegar por la costa de esa región, serían devueltos a su tierra, antes de regresar a Inglaterra.

El 3 de marzo de 1614, el *Frances* y el *Queen Anne* transportando un total de cuarenta y cinco hombres, navegaron por el canal de la Mancha, donde de inmediato fueron interceptados por una furiosa tormenta. No obstante, las naves fueron lo bastante resistentes como para eludir la tormenta y proseguir su viaje hacia el oeste. El resto del viaje

2   Calas: Lugares distantes de la costa, propio para pescar con anzuelo.

por el océano Atlántico discurrió sin novedad y John divisó tierra en los Grandes Bancos de Terranova a mediados de abril.

La ballenas abundaban en la zona y John resolvió que los hombres debían intentar atrapar una. Pero lo que pensó sería una tarea fácil resultó ser bastante difícil. John comprobó que era casi imposible capturar uno de esos grandes mamíferos, al menos contando con el equipo que ellos tenían. De modo que John decidió abandonar ese plan y se concentró en hacer un mapa de la costa y pescar bacalao y atún para ser sazonado y almacenados en las bodegas.

Antes de partir hacia Londres, John hizo construir siete barcas, descomponer y amarrar en las cubiertas del *Queen Anne* y el *Frances*. Estando frente a la costa de América del Norte, hizo que los carpinteros armaran las barcas para que él y la tripulación las usaran para explorar los ríos y calas que había en la costa.

La aventura fue todo lo bien que John había esperado, y en solo tres meses John pudo trazar la costa; la línea costera desde Nueva Escocia y New Brunswick hasta Rhode Island. Llamó a la zona explorada Nueva Inglaterra y puso nombres a muchos rasgos geográficos registrados en el mapa. Entre ellos el cabo Cod, nombrado después de la tremenda captura de bacalao con red en aquellas aguas, y el cabo Tragabigzanda, nombrado según su ama turca cuando él fuera esclavo en Constantinopla.

Mediados de agosto fue un buen momento para regresar a casa. Las bodegas de ambos barcos estaban llenas hasta rebosar con barriles de aceite de pescado, salazón y las pieles más finas que John había trocado de las tribus indias de la región. Como se había comprometido, John se despidió de Squanto y el otro hombre y su tribu antes de zarpar. El viaje de vuelta a Inglaterra fue tan agradable como el de ida. Y los marineros divisaron las costas del canal de la Mancha a finales de agosto.

A las veinticuatro horas de atracar en Londres, John había vendido todo el cargamento que había traído obteniendo un beneficio de ocho mil libras. La mayor parte de ese dinero hubo que devolverlo a los inversores, pero John pudo ganar mil quinientas libras. Este dinero era suficiente como para vivir cómodamente unos cuantos años, pero John tenía otras ideas en mente. Quería llevar hombres suficientes a Nueva Inglaterra para fundar su propia colonia.

En esta ocasión resultó fácil obtener fondos de los inversores para financiar la aventura, y nueve meses después John volvía a estar preparado para realizar un nuevo viaje a América del Norte. Bajo su mando iban dos naves: una era grande de doscientas toneladas, y la otra era más pequeña, de cincuenta. Las dos contaban con una tripulación conjunta de cincuenta y transportaban a cuarenta y cuatro colonos. John los había escogido personalmente y tenía confianza de que constituirían el núcleo de una comunidad próspera. Planeaba liderar él mismo la colonia, y antes de partir de Inglaterra dijo a todo el mundo que no volvería al menos en cinco años.

No obstante, el destino tenía la última palabra, en la forma de una feroz galerna[3] en alta mar, a unos quinientos kilómetros le quebró el mástil a la nave más grande y no pudo continuar su viaje. Con

---

3 Galerna: Viento súbito y borrascoso que, en la costa septentrional de España, suele soplar entre el oeste y el noroeste.

corazón apesadumbrado, John ordenó a los barcos regresar a puerto. Cuando llegaron a Plymouth, el barco más grande le había entrado tanta agua que no pudo ser reparada. Mientras disponía la venta de la nave mayor para recuperar algo de su inversión, John hizo que la más pequeña volviera a zarpar en su viaje hacia Nueva Inglaterra esta vez por sí sola. Con el dinero que sacó de la venta del barco afectado, John pudo comprar un barco más pequeño y tan pronto como fue aprovisionado para el viaje, zarpó rumbo a Nueva Inglaterra, esperando alcanzar pronto al otro barco. Si hubiera sabido cuán peligroso viaje le esperaba, seguramente nunca habría zarpado del muelle de Plymouth.

Capítulo 15

Piratas

—¡Capitán Smith! Hay un barco al norte de nosotros. Creo que nos ha espiado. Viene a interceptarnos.

John miró con su catalejo,[1] y efectivamente, un barco se les estaba acercando. No ondeaba ninguna bandera y tenía cuatro cañones. John sospechó inmediatamente que se trataba de un barco pirata.

—Todas las manos en la cubierta. Cuadren el aparejo y recorten las velas, muchachos. Un barco nos pisa los talones, y vamos a intentar superarlo —ordenó John. En ese momento deseó haber contratado un capitán experto para el barco, pero estando escaso de fondos, tuvo que asumir él mismo la responsabilidad.

Los marineros corrieron a sus puestos e hicieron lo que John les había ordenado, con lo que las velas se hincharon y el barco navegó impulsado por el

1 Catalejo: Anteojo portátil y extensible.

viento. Mientras el barco avanzaba raudo, los hombres se esforzaron por ajustar la posición de las velas para aprovechar al máximo la fuerza del viento.

A pesar del esfuerzo de los marineros, el barco pirata siguió acortando distancias. Entonces dos estridentes cañonazos atravesaron la proa del barco de John. Éste sabía que el siguiente disparo podía fácilmente alcanzar la cubierta y enviarles al fondo del océano.

—Recojan las velas. No podemos aventajarlo —John gritó mientras miraba el amenazante barco.

Los marineros cumplieron las órdenes de John, recogieron las velas y dejaron el barco a la deriva en una mar tranquila. Cuando dejaron que el barco fuera a la deriva, el barco pirata llegó hasta su costado y una voz áspera con acento cockney (Forma de hablar en el barrio East End de Londres) gritó.

—Envíen al capitán. Después les abordaremos.

John respiró hondo, agarró una cuerda que colgaba de la verga,[2] y se meció hasta el barco pirata. Aterrizó en la cubierta de la extraña nave, rodeado de hombres vestidos con ropas turcas, ataviados con cintos con hebilla de plata y espadas con gemas incrustadas. Por extraño que parezca, todos los hombres hablaban un inglés perfecto.

—No tenemos nada de valor en el barco —dijo John girando para dirigirse al jefe de los piratas.

—¿Cómo se llama usted? —inquirió el líder.

—Capitán John Smith, de Londres, Inglaterra —repuso John.

—¡Quién lo hubiera dicho! —gritó el jefe dando a John una fuerte palmada en la espalda—.

---

2   Verga: Percha labrada convenientemente, a la cual se asegura el grátil de una vela.

—¿A que no me reconoce? Le daré una pista. La última vez que me vio, y podría añadir que también a muchos de los que están aquí, fue en el ejército del conde Meldritch luchando contra los turcos junto al río Oltu.

John escrutó al hombre sonriente que tenía delante.

—¿Will Fry? —le preguntó. Hace más de diez años—. ¿Es usted?

Will rio de buena gana mientras empujaba a otro hombre delante de él.

Sí. Y éste es Andy Chambers, su primer oficial.

John se quedó atónito, hasta el punto de no poder hablar y Will prosiguió.

—Después de aquella marcha, fuimos vendidos como esclavos a un turco de Argel. Y tardamos todo ese tiempo en encontrar una vía de escape. Pero al final lo conseguimos. Robamos este barco y ahora somos dueños de nuestro destino.

Mientras Will hablaba, John observó los rostros curtidos del resto de la tripulación. Reconoció a varios hombres.

—¡Qué increíble favor de la Providencia! —exclamó—. Tráiganme un poco de vino y les contaré por qué estamos en alta mar.

Dos horas después John había puesto al día a Will, Andy y los demás acerca de cómo Inglaterra estaba a punto de establecer colonias por toda la costa de América del Norte. Pintó un cuadro tan optimista del porvenir del Nuevo Mundo que los piratas resolvieron echar suertes con John y navegar con él hacia las costas de América.

John volvió a su barco exultante. No conocía a nadie mejor bajo su mando que hombres que hubieran combatido con él en Hungría contra los turcos. En los días siguientes, John oyó la historia, contada repetidamente por los colonos y la tripulación, de cómo les había salvado de ser capturados por los piratas.

Pero las cosas no fueron tan sencillas. Una semana después, aparecieron cuatro barcos por el horizonte. John estimó que el barco más grande de la flotilla superaría las 160 toneladas. Mandó rápidamente izar la enseña británica y al otear[3] el barco de Will, vio que éste hacía lo mismo. Pero en vez de seguir el protocolo e izar sus propios colores, los cuatro barcos se acercaban cada vez más y empezaron a disparar cañonazos de advertencia contra los dos barcos. Luego izaron la enseña blanca y dorada de Francia.

John respiró hondo. Dado que Francia e Inglaterra no estaban en guerra, pensó que se trataba de un convoy de piratas. Esperando razonar con el comodoro del convoy, John fue transportado a remo hasta el barco mayor, llamado el *Sauvage*. Las negociaciones con el capitán d'Elbert no fueron bien, y éste ordenó a su tripulación que se encargaran de los dos barcos ingleses mientras John quedaba prisionero en el *Sauvage*. El convoy pirata constaba ahora de seis barcos, y se dirigieron hacia el pasillo de navegación del suroeste que usaban los barcos españoles que navegaban en doble dirección entre España y América del Sur.

No habiéndose nunca arrugado ante las circunstancias, John caviló cien maneras posibles para escapar del *Sauvage* y huir con su barco. Pero el hecho de que estuviera bien vigilado le impidió llevar a cabo tales planes. Optó por ganarse la confianza del capitán d'Elbert. Para ello, John conversó con el capitán y le

---

3 Otear: Registrar desde un lugar alto lo que está abajo. Escudriñar, registrar o mirar con cuidado.

ayudó a planear la captura de los tres barcos españoles que cruzaban ante su proa. Bien pronto el capitán
d'Elbert fue en busca de John cada vez que un nuevo barco aparecía por el horizonte. John pareció tener
una habilidad sorprendente para discernir la manera
adecuada de seducir y tender trampas a un barco.

Una mañana John se despertó en el *Sauvage* al
oír el grito de un marinero. Pronto descubrió que
las tripulaciones de los dos barcos ingleses habían
arrojado a los supervisores franceses por la borda y
habían escapado en la oscuridad. John se sintió aliviado de que su barco estuviera a salvo, pero ahora
se hallaba en medio del océano Atlántico a bordo de
un barco pirata francés.

Como John no tenía dónde escapar, el capitán
d'Elbert le concedió más libertad. En las seis semanas siguientes, el *Sauvage*, acompañado de los otros
tres barcos, se las arregló para hundir un carguero
escocés que llevaba un cargamento de azúcar procedente del Caribe y capturar una carabela portuguesa cargada de oro. Como John no tenía nada que
hacer a bordo del *Sauvage*, entre tales encuentros
pidió a sus captores una pluma de ave, tinta y papel
de escribir. Sus captores accedieron a ello, y John
se dispuso a escribir un manuscrito que tituló *Una
descripción de Nueva Inglaterra*. La escritura del manuscrito renovó la esperanza de John de lograr finalmente escapar del barco pirata y volver a ver una vez
más la costa escarpada de Nueva Inglaterra.

Durante la captura de la carabela portuguesa el
capitán d'Elbert resultó herido y poco después murió
a consecuencia de sus heridas. Un nuevo hombre,
el capitán Poyrune, ocupó su lugar, y John trató de
ganarse su confianza. No obstante, resultó ser una

tarea difícil porque el capitán Poyrune era astuto y codicioso. Pese a ello, John vio que era llamado a cenar con el capitán para discutir estrategias para capturar barcos. A pesar del consejo de John, el capitán Pouyrune se creó enemigos en los capitanes de los otros barcos piratas, y uno por uno los barcos se fueron desviando del convoy.

Entonces, una noche durante la cena. El capitán Poyrune anunció a John que iban a regresar a Francia. Su destino sería la isla de Ré, situada en la entrada en la bahía del puerto/fortaleza de La Rochelle, en la costa occidental de Francia.

En esa isla había intermediarios dispuestos a comprar el botín de un barco pirata sin hacer preguntas y venderlo a un comerciante para obtener beneficio. No obstante, volver a Francia planteaba un problema: a diferencia del británico, el gobierno francés no permitía la piratería en alta mar, de manera que si el barco era sorprendido antes de descargar furtivamente su carga en la isla de Ré, todos serían colgados en la horca. Desgraciadamente, John también estaría incluido, ya que no podría probar que había sido un participante involuntario.

John sabía que a medida que el barco se acercaba a Francia tenía que encontrar una manera de escapar del barco en la primera oportunidad que se presentara. Esa oportunidad llegó cuando el barco se topó con un huracán en noviembre cerca de La Rochelle. Por causa de la tormenta, el capitán Poyrune se vio obligado a refugiarse en una pequeña cala poniéndose toda la tripulación a resguardo de la lluvia y el viento que azotaba la cubierta.

Esta era la oportunidad de John. Recogió su manuscrito casi acabado de *Una descripción de Nueva*

Inglaterra, lo guardó debajo de su camisa y subió a cubierta. Sin que nadie le viera, pudo bajar la barca de remos más pequeña hasta el agua y después tirar en ella una cuerda. Con la navaja que se le había permitido retener, cortó la cuerda, y soltó amarras. John empuñó los remos y empezó a remar con todas sus fuerzas. Pero aunque fuera una pequeña barca, remar en esas condiciones no era tarea fácil. Las olas saltaban por encima de la diminuta embarcación y John tuvo que dejar de remar muchas veces y achicar[4] la barca para mantenerla a flote. Y mientras achicaba, la barca fue arrastrada por el viento, que soplaba en la dirección opuesta a la que se dirigía John.

Después de dos horas de combatir contra los elementos, John tuvo que admitir que no parecía probable conseguir llegar a salvo al puerto de La Rochelle. El viento le alejó de la costa y las luces de La Rochelle se atenuaron en el horizonte, azotado por la tormenta. Pero John no era capaz de resignarse a lo inevitable sin antes luchar. Redobló su esfuerzo y siguió remando con la esperanza de arrimar la barca a la orilla. Después de una hora, por fin se rindió a la realidad y aceptó su destino. La barca fue llevada mar adentro por el océano Atlántico, donde probablemente moriría.

Mientras John contemplaba este desenlace, el viento cambió repentinamente de dirección. Comenzó a soplar en dirección opuesta, empujando la barca hacia la orilla. John no podía creerlo, pero volvió a remar con fuerza. Rodeó la isla de Ré, a sotavento[5] de la isla donde la fuerza del viento era menor.

---

4 Achicar: Extraer el agua de un dique, mina, embarcación.
5 Sotavento: La parte opuesta a aquella de donde viene el viento con respecto a un punto o lugar determinado.

Los brazos de John llegaron a estar tan cansados y doloridos que ya no pudo remar más. De hecho, se encontró tan exhausto que se desplomó sobre los remos y se quedó profundamente dormido. Seguía dormido a la primera luz del alba, cuando varios oficiales de aduanas en una lancha le interceptaron. Al parecer, la marea matutina había empujado la barca hasta el puerto de La Rochelle. John nunca se había sentido tan feliz en su vida como cuando vio la lancha con los agentes de la aduana francesa a bordo.

Los funcionarios de la aduana llevaron a John hasta el gran vestíbulo de la torre de St. Nicholas, una de las tres torres fortificadas que vigilaban la entrada al puerto de La Rochelle. En el gran vestíbulo le fue ofrecido a John un sustancioso desayuno de queso y ternera, que regó con varios vasos de vino. Después de desayunar John fue llevado a ver al teniente del puerto y le relató cómo había sido hecho cautivo por los piratas franceses. El teniente creyó su versión y envió varios barcos para ir a la captura del barco pirata en el lugar que John había dicho. Pero cuando los barcos llegaron allí era demasiado tarde. El barco pirata se había hundido por la noche a causa del vendaval y el capitán Poyrune y buena parte de la tripulación se habían ahogado intentando llegar a la orilla. Por muy cerca que hubiera estado de morir por la noche, John reconoció que probablemente había salvado la vida al escapar del barco cuando lo hizo.

Pero las autoridades francesas no salieron con las manos vacías. Se las arreglaron para salvar cuarenta mil libras en bienes almacenados en la bodega del barco pirata siniestrado. Mientras tanto, John Smith se convirtió en la noticia más comentada de la ciudad. La gente de La Rochelle quería ayudarle.

Una mujer, viuda de un capitán de barco, regaló a John toda la ropa de su difunto marido. Y tanta gente quería oír su gran aventura y fue halagado con cenas en casas distinguidas, en las que contaba sus aventuras.

John se quedó en La Rochelle seis semanas antes de emprender viaje a París y después a Cherburgo, donde compró un pasaje en un barco con destino a Bristol, Inglaterra.

Cuando John llegó a Londres, ya corría la noticia de que estaba vivo y se encontraba bien, y todo el mundo deseaba verle. Pero como nadie estaba dispuesto a invertir en otro plan para establecer una colonia en Nueva Inglaterra, John optó por una manera conocida para despertar el interés de la gente en el Nuevo Mundo. Se puso a trabajar para terminar de escribir el manuscrito de *Una descripción de Nueva Inglaterra*. Mientras completaba el manuscrito, John oyó que los dos barcos que los piratas franceses habían capturado cuando le hicieron prisionero llegaron a salvo a Inglaterra después de huir. Y el barco pequeño que transportaba a los colonos que él había enviado a Nueva Inglaterra y se había visto obligado a regresar también llegó a salvo a Inglaterra.

El 3 de junio de 1616, John envió el manuscrito acabado de *Una descripción de Nueva Inglaterra* al editor. Pero dio la casualidad que ese mismo día la señora de John Rolfe llegó al puerto de Plymouth en Inglaterra. O al menos ese era su nombre de casada. John la conocía mejor por el nombre de Pocahontas.

Capítulo 16

Anhelaba el Nuevo Mundo

John anduvo de un lado para otro mientras esperaba que Pocahontas entrase en el salón de la lujosa residencia de Brentford donde ella, su marido y su séquito habían sido invitados. Por primera vez en mucho tiempo, John sintió timidez. Hacía siete años y muchas cosas habían sucedido desde que viera a Pocahontas por última vez y fue consciente de lo mucho que le debía. No obstante, era una deuda que en modo alguno podía satisfacer, ya que sus rentas eran escasas. Le dio vergüenza no poder ser anfitrión de Rebecca (nombre inglés que usaba Pocahontas), su esposo John y su hijo pequeño en su casa porque vivía en un cuarto muy pequeño.

De súbito, se abrió la puerta del salón y entró una mujer alta, de tez oscura, con el pelo recogido en un elegante moño. Su vestido de seda susurró al acercarse a John. Sin aviso previo se llevó las manos a la cara y empezó a sollozar. Luego se dio media vuelta y salió precipitadamente de la habitación. John no sabía qué hacer, de modo que decidió esperar.

Poco después entró un hombre en el salón y se presentó como John Rolfe.

—Lo siento —dijo—, pero a Rebecca le dijeron que usted había muerto, de modo que se sintió abrumada al verle en persona.

—Me hago cargo —dijo John.

—Estoy seguro de que pronto se recuperará. Mientras tanto, tomemos un vaso de vino. He oído decir muchas cosas acerca de usted, capitán Smith, y me gustaría conocerle un poco —dijo John Rolfe.

En las dos horas siguientes, John Smith relató buena parte de la historia inicial de Jamestown. Contó cómo había escogido la ubicación del asentamiento, desbrozado el terreno y edificado cabañas para los colonos, así como sus tratos y escaramuzas con los indios.

John Rolfe respondió preguntas acerca de cómo marchaba la colonia. También dijo a John que él creía que el futuro de Jamestown radicaba en el oro —no el oro de las minas, sino el de la planta del tabaco—. De hecho John Rolfe había llevado esta variedad particular de planta de tabaco desde las Indias Occidentales, y la planta se había adaptado perfectamente bien al clima de Virginia, de tal manera que aunque había exportado cuatro barriles de hojas en marzo de 1614, había vuelto con 2.300 libras de hojas de tabaco para vender en la metrópoli. Y esperaba poder enviar a Inglaterra 50.000 libras en hojas de tabaco para 1620. John Smith se llevó una gran impresión.

Cuando Rebecca entró en el salón dos horas después, se disculpó por su comportamiento.

—Fue un gran sobresalto, —le confesó a John—. Los residentes de Jamestown dijeron que usted estaba muerto, pero yo no estaba segura, porque sus paisanos mienten mucho. Mi padre Powhatan mandó a Tomocomo a buscarle y averiguar la verdad.

—¿Ha traído a Tomocomo con usted? —preguntó John, contento de encontrar un tema neutro para conversar.

—Sí, mi padre le envió para hacer el viaje, aunque Tomocomo no está disfrutando tanto como yo. Desdeña la religión cristiana, que yo la he abrazado, y se burla cuando me acompaña al bailes y al teatro. Creo que está deseoso de volver a su tierra.

—Y qué me dice de usted, ¿quiere volver? —cuestionó John.

Rebecca negó con la cabeza. No estoy de acuerdo en algunas cosas. El humo aquí es distinto, no es el humo blanco de un fuego de leña, sino el humo negro, hinchado del carbón. Se me mete en los pulmones y me da la tos. Pero este es mi Nuevo Mundo, y me gusta explorarlo.

—Veo que en el fondo los dos somos exploradores —John sonrió.

Esa misma noche, cuando John salió de la casa, se maravilló de la increíble situación en la que se encontraba. Estaba vivo porque Pocahontas había arriesgado su vida para salvarle, y ella estaba en Inglaterra porque él la había recibido en Jamestown y enseñado a hablar inglés.

Él esperaba que la próxima reunión fuera en Jamestown, pero no sería así. En marzo de 1617, la familia Rolfe se embarcó para regresar a Virginia. Aún se hallaban navegando por el río Támesis cuando Rebecca enfermó de neumonía. Sus pulmones se debilitaron por causa de la humedad del clima inglés y el aire contaminado de Londres, de manera que su estado empeoró rápidamente. El capitán ordenó que el barco tocara tierra para que ella fuera atendida. Pero esa noche Rebecca Rolfe (Pocahontas) murió, dejando un niño pequeño y un desconsolado marido.

Al año siguiente John se enteró de que el padre de Pocahontas, el jefe Powhatan, también había fallecido y que el hermano menor del jefe, Opechancanough, le había sucedido como gran jefe de la confederación de tribus Powhatan.

El año siguiente John recibió más noticias de la colonia. En el otoño de 1619, un grupo de corsarios holandeses anclaron su barco *White Lion* frente a Jamestown. A bordo del mismo iban veinte esclavos negros africanos, que habían navegado a bordo de un barco portugués con destino a Veracruz, México, cuando los corsarios abordaron la nave. El capitán del *White Lion*, John Jope, intercambió los diez hombres y diez mujeres a cambio de grano para aprovisionar su barco. Los africanos fueron obligados a trabajar de inmediato y recolectar tabaco, labor intensiva y agotadora. Esos esclavos fueron los primeros que se vieron obligados a establecerse en el Nuevo Mundo británico.

Al mismo tiempo, otro grupo de futuros colonos se cruzaron en el camino de John. Se autodenominaban separatistas y eran un grupo de cristianos que criticaban a la iglesia anglicana por no obedecer estrictamente la Biblia. El grupo había suscitado tanta controversia en Inglaterra que unos cien de ellos tuvieron que huir a Holanda, donde formaron una comunidad. No obstante, en el transcurso de los diez años que estuvieron allí, hallaron que vivir en Holanda no resolvía sus problemas. Sus hijos aprendieron a hablar holandés y las costumbres holandesas en vez de las aspiraciones separatistas. Después de leer los libros de John Smith sobre Virginia y de estudiar los mapas que él había dibujado, los separatistas pusieron la mira en el establecimiento de su propia colonia en el Nuevo Mundo.

Los separatistas se entregaron tan seriamente a su proyecto que William Brewster, su líder en Holanda, regresó a Inglaterra para conversar en secreto con John. William arriesgó así su vida, porque el rey James quería colgarle por traición. En la entrevista secreta William ofreció a John el papel de protector militar de la nueva colonia de separatistas que proyectaban fundar, pero John rechazó la oferta. Percibió que William era tan testarudo como él, y sabía que al final ambos discreparían fuertemente en cuestiones de religión y en el gobierno de la colonia.

Con todo, John siguió con interés cómo se organizaba el grupo de separatistas casi sumido en la pobreza. El grupo se las arregló para obtener permiso para establecer una colonia en la desembocadura del río Hudson, de modo que 102 colonos, casi la mitad separatistas abarrotaron el *Mayflower*, un barco fletado, para cruzar el océano Atlántico y alcanzar el Nuevo Mundo. Donde, pronto se agruparían para constituir un grupo conocido como los Peregrinos.

El primer informe recibido de los Peregrinos notificó que durante el viaje se había cometido un error de navegación. En vez de alcanzar las tierras del estuario del río Hudson, llegaron a un lugar situado más al norte. Al explorar la costa de Nueva

Inglaterra, el lugar donde desembarcaron Nueva Plymouth. Cansados y confundidos, los colonos decidieron quedarse allí y fundar una colonia en vez de proseguir hacia su destino original. Lo mismo que les ocurriera a los fundadores de Jamestown trece años antes, los Peregrinos se vieron asediados con enfermedades y hambrunas y menos de la mitad de los miembros de la colonia sobrevivieron el primer invierno.

Por el contrario, para 1620, Jamestown se había convertido en una próspera colonia, núcleo de una red en expansión de plantaciones de tabaco. Más de mil doscientos colonos vivían ya en Jamestown y alrededores y John esperaba que salieran más colonos hacia la colonia. Para ayudar a fomentar la emigración a Virginia, John empezó a escribir en 1621 otro libro titulado *La historia general de Virginia, Nueva Inglaterra y las islas estivales* [Bermudas]. Las Bermudas se habían convertido en una escala importante para los barcos ingleses que llegaban y salían hacia América del Norte.

John se hallaba escribiendo su libro cuando el *Sea Flower* entró en el puerto de Bristol, y dio a conocer noticias terribles. Cuatro meses antes, el viernes 22 de marzo de 1622, el jefe Opechancanough había atacado por sorpresa sobre la mayoría de las plantaciones y asentamientos contiguos a Jamestown. Las cartas de los sobrevivientes a la Compañía de Virginia contaron la manera espantosa en que habían sido asesinados 350 colonos.

Después del homicidio de la cuarta parte de la población de Jamestown y de que el resto viviera atemorizado, el gobernador de la colonia cerró la mayor parte de las plantaciones y ordenó a todo el mundo volver al asentamiento principal, que fue fortificado contra el ataque de los indios.

John se horrorizó y se enfadó al oír la noticia. Se consternó por la gran pérdida de vidas, y en especial, por la muerte de su viejo amigo Nathaniel Powell, quien le había acompañado en el viaje por el río James en 1607. Y estaba airado porque creía que los miembros de la Compañía Virginia no habían dedicado tiempo a entender la mentalidad de los indios, y en consecuencia, se había bajado la guardia y dado oportunidad al ataque indio. Los líderes de Jamestown habían dejado de hacer maniobras militares y de vivir en asentamientos fortificados para establecer plantaciones y plantar tabaco. No era de extrañar que John pensara que los indios vieran la oportunidad de atacar a un pueblo tan débil y confiado.

Como resultado de la masacre, el consejo de la Compañía Virginia resolvió no volver a dejarse sorprender por los indios. Decidieron afrontar la violencia con violencia e hicieron circular un folleto exponiendo su plan de acción. John lo leyó con incredulidad.

> Dado que nuestras manos que antes estaban vinculadas con la gentileza y el uso razonable, están ahora ligadas a la libertad debido a la violencia traidora de los salvajes, sin desatar el nudo, sino cortándolo: para que nosotros, que hasta ahora solo hemos tenido posesión de sus terrenos de desecho [es decir, la usada por ellos como tierra «sobrante»], y nuestras compras, adquiridas según la consideración de su propio juicio; que ahora por el derecho a la guerra, y las leyes de las naciones, invadir el país, y destruir a los que trataron de

destruirnos: por lo cual nosotros disfrutaremos de
sus tierras de cultivo, trocando las laboriosas azadas[1] en espadas victoriosas.

A John le pareció que toda esperanza de que indios y colonos convivieran en paz había desaparecido. De ahí en adelante Virginia sería una colonia en
guerra con los nativos. John escribió al consejo de
la Compañía Virginia proponiendo una solución distinta. Instó a la compañía enviar cien soldados bajo
su mando a Virginia para proteger a los colonos y
negociar con los indios. Estaba seguro que se podía
encontrar la manera de detener la matanza.

La respuesta que recibió fue tan insultante como
inquietante para John. Los miembros del consejo de
la Compañía Virginia respondieron que no tenían
fondos para mantener cien soldados y sugirieron
que fuera el propio John quien reclutara el ejército y
sufragara los gastos. A cambio, John y su compañía
de soldados gozarían de libertad para matar a todos
los indios que quisieran y a quedarse con la mitad
del botín que les arrebataran.

John se desesperó y enfureció. ¿Acaso los miembros del consejo no habían aprendido nada de sus
cartas y sus ruegos? Los nativos de Virginia no tenían nada de valor excepto depósitos de maíz. No
tenían cacharros de oro, ni collares de zafiro, ni pec-
torales de plata.

Un año después, murieron otros quinientos colonos en Jamestown, algunos a causa de dolencias

---

1   Azadas: Instrumento que consiste en una lámina o pala cuadran-
gular de hierro, ordinariamente de 20 a 25 cm de lado, cortante uno de
estos y provisto el opuesto de un anillo donde encaja y se sujeta el astil
o mango, formando con la pala un ángulo un tanto agudo. Sirve para
cavar tierras roturadas o blandas, remover el estiércol, amasar la cal
para mortero, etc.

y enfermedades, pero la mayoría de ellos en mano de los indios. En vez de organizar otra masacre, los guerreros escogían a los colonos de uno en uno o por parejas cuando iban a cultivar sus huertos o a cazar para comer.

John se sintió respaldado cuando el rey James determinó llevar a cabo una investigación acerca de las actividades de la Compañía Virginia. El tribunal encargado de investigar el asunto descubrió que la Compañía de Virginia no había hecho lo necesario para proteger a los colonos que estaban bajo sus auspicios. En consecuencia, el rey James anuló la carta real de la compañía. Jamestown y Virginia serían en lo sucesivo propiedad del rey de Inglaterra, no de un grupo de inversores.

Además de hacer que John se sintiera reivindicado, la toma de posesión de Virginia por el rey James acarreó otro efecto positivo. A finales de 1622 John finalizó el manuscrito de *La historia general de Virginia, Nueva Inglaterra y las islas estivales*, que fue publicado poco después. Toda la controversia sobre Virginia creó un mercado inmediato para el libro, que fue récord de ventas desde el principio.

Un año después de su finalización, el libro tuvo que ser revisado. La Compañía Holandesa de las Indias Occidentales estableció una colonia en el Nuevo Mundo. La colonia se llamó Nueva Ámsterdam y estaba situada en la isla de Manhattan en la desembocadura del río Hudson, donde los peregrinos habían proyectado establecer su colonia. La colonia holandesa se fundó en principios como la libertad de religión, y libre mercado y estaba protegida por soldados profesionales. John admiró la forma sensata en que los holandeses estaban estableciendo su colonia.

Más al norte, la diminuta fortaleza francesa de Quebec también estaba creciendo. De hecho, su población sumaba ochenta personas y el gobierno francés promovía activamente la colonia que se llamaba Nueva Francia, como encrucijada para cazadores de pieles, exploradores y misioneros.

John siguió escribiendo, y en 1626 publicó *Un accidente* [inicio],*o el camino a la experiencia.* Era una guía práctica para navegar y luchar en el mar y se convirtió inmediatamente en un clásico.

Por aquel entonces John ya tenía cuarenta y seis años, un anciano según la estimación de la época, y había renunciado a la esperanza de volver al Nuevo Mundo. Se contentaba con saber que había jugado un papel importante en la fundación de colonias inglesas en el continente americano y con dejar un legado a través de sus escritos.

En 1630 John publicó *Los viajes, aventuras y observaciones del capitán John Smith.* Este libro trató principalmente con las experiencias tempranas de John en Europa Occidental y Central. Ayudaba a responder a las preguntas del público acerca de la vida de John. Al escribir el libro, el propio John se asombró de algunas de las circunstancias extrañas en las que se había implicado por ese tiempo.

Después de la publicación de este libro, John se dispuso a escribir *Avisos* [Información] *para los sembradores inexpertos de Nueva Inglaterra o de cualquier lugar.* Este libro fue publicado en mayo de 1631, justo cuando la salud de John comenzó a flaquear. Las piernas de John se le hincharon hasta el punto de no poder caminar, y tosía constantemente. Temiendo que el final de su vida se acercaba, llamó a un abogado e hizo testamento. Pero

se encontró demasiado débil como para firmar el
documento. John Smith falleció diez días después, el 21 de
junio de 1631, a los 51 años. En su mesilla de noche
había una copia de su libro *Una descripción de Nueva Inglaterra*. En ese libro John comentaba que los
ingleses americanos tenían la oportunidad única de
forjarse su propio destino, a diferencia de los trabajadores en Inglaterra que estaban sujetos a un rígido
sistema de clases. John escribió:

> Aquí [en Nueva Inglaterra] todo hombre puede ser
> amo y señor de su propio trabajo y de su tierra;
> o de la mayor parte de ellos en poco tiempo. El
> que solo depende de sus manos, puede establecer
> su negocio; y por su industria enriquecerse pron-
> to,... el que solo cuenta con el amor a la virtud y
> la magnanimidad [ambición], ¿qué puede ser más
> agradable para tal mente que plantar y echar fun-
> damento para su posteridad, a partir de la áspera
> tierra, por la bendición de Dios y su propia indus-
> tria, sin perjudicar a nadie?

Esta fue la visión del capitán John Smith para
las reales colonias británicas de América del Norte.
John dedicó gran parte de su vida a establecer un
punto de apoyo en el Nuevo Mundo para estas colonias. Solo el tiempo diría cómo las generaciones
futuras iban a edificar sobre ese fundamento.

Barbour, Philip L. *The Three Worlds of Captain John Smith.* Boston: Houghton Mifflin, 1964.

Brindenbaugh, Carl. *Jamestown 1544-1699.* New York: Oxford University Press, 1980.

Fishwick, Marshall W. *Jamestown: First English Colony.* New York: American Heritage, 1965.

Gerson, Noel B. *Survival: Jamestown: First English Colony in America.* New York: Julian Messner, 1967

Lewis, Paul. *The Great Rogue: A Biography of Captain John Smith.* New York: David McKay Company, 1966.

Price, David A. *Love and Hate in Jamestown: John Smith, Pocahontas, and the Heart of a New Nation.* New York: Alfred A. Knopf, 2003.

Syme, Ronald. *John Smith of Virginia,* New York: William Morrow & Company, 1954.

El matrimonio Janet y Geoff Benge, marido y mujer, forman un equipo de autores con una experiencia de más de treinta años. Janet fue maestra de escuela elemental. Geoff es licenciado en historia. Naturales de Nueva Zelanda, los Benge prestaron servicio a Juventud Con Una Misión durante diez años. Tienen dos hijas, Laura y Shannon y un hijo adoptivo, Lito. Residen en Florida, cerca de Orlando.